この国の魂

技術屋が日本をつくる

はじめに

低迷する日本のモノ作りに必要なのは、作り手の「美学」である。

「美学」とはイコール、人の「器」のことであり、「器」とは「魂」のことである。この「魂」が今、日本経済を支える技術者に求められている。これによって世界から「尊敬される商品」が生まれると思うのだ。

私が言いたいのは、モノは作り手の「器」に比例するということである。いや、「器」は絵や文章など、すべてに表われてしまうものである。ところが日本の商品は、作り手の「器」、すなわち「魂」が稀薄であるから、いくら高品質であっても、個性や輝きを感じさせない。

絵画コレクターの州之内 徹氏は、「いい絵」と「上手な絵」は根本的に違うと言う。これは私自身が経験したことだが、絵を描く技法は練習を重ねれば上達するし、それなりのものに仕上げることもできる。しかし、それだけでは人の心を打つ「いい絵」は描けない。

テクニックや技法をどれほど身に付けても、甘っちょろい生活をしていては、絵もその程度にしかならないからだ。「上手な絵」は描けても、「いい絵」となると技量とは別なものが求められる。それが作り手の「哲学」であり、「魂」なのである。日本車は、「上手なクルマ作り」はできたが、「いいクルマ」か、というと、そこには「?」が付く。

以前、米経済誌『ビジネスウィーク』に、「日本車は日本人のイメージとそっくりで、おもしろくない」と書かれたことがある。ショッキングな文章だが、まさにそのとおりで、我々自身が面白みや文化、哲学を持たないから、クルマもそうなってしまうのだ。

では、なぜ日本人の「魂」は稀薄になったのだろうか。この国の「魂」を蘇らせるために何が必要なのだろうか。私はクルマの技術屋であるから、そういった視点からモノ作りを考え、ひいてはその「魂」のあり方を本書で語っていきたい。

私が本書で力説するのは、個性や魂のないクルマは、世のなかから消えいく運命にあるということである。なぜなら、「商品循環論」という風に吹き流されてしまうからだ。少し「商品循環論」について話をしよう。

商品は完成域に達すると均一化する。均一化するとコストが決め手となる。すると、生産拠点はコストの安い地域に移行する。例えば、繊維は千年も二千年も前から世界中で作られてきたが、イギリスの産業革命を機に機械化され、大量に生産されるようになった。すると生産拠点は、イギリスからコストの安いアメリカの東海岸に移った。次に西海岸へ、そして日本へ。その後は周知のように、韓国、さらに安い中国へと移行した。

　家電も同じ運命を辿った。50〜60年代に我々が憧れたアメリカ製の白い大きな冷蔵庫やテレビはすでにアメリカにはなく、すべてが日本製と韓国製に変わった。このように、商品は完成域に達すると人件費の安い地域に流れる。これを「商品循環論」という。この「商品循環論」の風は否応なく世界中に吹きまくり、次々に枯れ木の山を作っていく。

　クルマもすでに完成域に達しているのはご承知のとおりで、欧州ではその風は吹き去り、影の薄いメーカーは消えてしまった。今はアメリカで猛威をふるい、ビッグスリーは苦境に立たされ、瀕死の状態にある。考えたくもないが、近いうちに自動車大国アメリカからクルマが消える日がくるだろう。

　ところが商品には、「商品循環論」により消えゆく運命にあるモノと、そうでないモノがある。繊維もコスト勝負のところは消えていくが、西陣織や紬《つむぎ》は動かない。消費財は消えゆく運命だが、個性や文化的な背景のあるものは、世界から尊敬されるのだ。

　日本の基幹産業はクルマ産業である。ということは、あらゆるモノ作りのなかで、もっとも大切な柱といえる。このもっとも大切なモノ作りが、今の日本ではないがしろにされてはいまいか。

私は繰り返し、これから先、品質や価格だけでは消えゆく運命にあることを知ってほしいと、申し上げたい。「商品循環論」という風に負けない文化や個性、つまり「美学」、すなわち「魂」を持たなければ、日本の経済を支えるクルマ産業は、枯れ木の山になってしまうということである。日本車はまさに世界一の品質と生産台数を誇るわけだから、この作り手の「魂」さえ加われば、鬼に金棒となる。

口はばったいことを申し上げるが、クルマの技術屋として、日本の根幹をなすモノ作りになにがしかのヒントを与えられるかもしれないと思い、再び慣れないペンをとった。ペンを持つとついつい力が入り、過激な発言が多くなってしまい、不愉快な思いを抱かれるかもしれない。説教節になってしまうことも、併せてお許し願いたい。また、前作、前々作と内容が若干重複するところもあるかもしれないが、それらは私の主張し続けたい揺るがぬ信念だとご理解いただきたい。

最後に、本書を執筆するにあたり、多くの方々からひとかたならぬご尽力をいただいたことに、お礼申し上げる次第である。

平成18年9月

立花啓毅《たちばなひろたか》

目次

第六章　視点を変えると世界が見える

第七章　作り手としてのプライドを見せよ

第一章

モノってなんだろう?

1‐1　人はモノによって育てられる

人は一生の間に2万個のモノを使うと言われている。もちろん、クルマもそのひとつである。生まれてすぐ産湯に浸かり、タオルに触れる。箸に茶碗、パンツにネクタイ、椅子にテーブル、鋸《のこぎり》に鉋《かんな》――数え上げたら2万個になるかどうかはわからないが、どういう2万個に触れるかによって、その人の価値観が形成される。

皿茶碗もバリュー・フォー・マネーで見れば、プラスティックが一番だろう。瀬戸物もピンキリで、100円ショップのモノもあれば、古伊万里の染付けもある。どちらを選ぶかで、その人の価値観が形成される。言い換えると、我々は2万個のモノによって育てられているということだ。

その2万個のなかでも、「家」は人を育てる特別な存在である。家は住む人にパワーを与える、活力の原点であるからだ。

私の住む世田谷界隈には、旧い家を解体しては土地を半分に、または3分の1にして、小奇麗な家が建てられている。それは子供が描く絵のようで、庭にはチューリップが咲きみだれ、ケーキの上に乗っているような可愛い家だ。それが次々に建ち並ぶ。外板には、お決まりのレンガ柄のボードが張られている。

いつからかはわからないが、日本人は「本物そっくりで、こんなに安く、しかも手入れは簡単です」という模倣品を自慢するようになった。ビニールの靴の「革そっくりで、汚れもひと拭き、しかもこのお値段」という売り文句を目にしたのは、何年前だっただろうか。

今やテーブルも床も壁も、眼に映る多くのモノが「本物そっくりですが――」である。日本人は本物より模倣品のほうが好きなのだろうか。家の外壁も「汚れたら水をかけるだけできれいになります」というが、メーカーさんも買った人も、本当に洗っているのだろうか。家の目的とは違うところで判断しているように思う。

私の世田谷の家も少し前までは、隣家との境は生垣で囲われ、小さな木戸が付いていた。そこを隣人が出入りをし、親父は濡縁《ぬれえん》で茶を飲み、漬物をつまみながら、当時、人気のあったデイジーなんていう花を自慢していた。夏には朝顔を愛で、井戸でガチャン・ガチャンと水を汲んでは撒き、涼しさを感じたものだった。濡縁の背には障子があり、そこを風が通る。その障子は雪見障子といって、冬はガラス越しに雪景色が眺められる。障子には空気を穏やかにし、家のなかを湖面のように静かに和らげる力がある。

風呂はガチャン・ガチャンでいっぱいにし、薪で沸かすのだが、「まだぬるいよう！」なんて言われると、ウチワでバタバタ煽ったりしていた。これが50年前の東京・世田谷の生活である。貧乏だったが、そこには日本人の美意識があった。

どこの家庭も、家族みんなが力を合わせて生活をしていた。小さな家は合理的に設計され、ひとつの部屋をいく通りにも使い分けていた。食事の時は小さなちゃぶ台を出し、そのちゃぶ台を片づけて布団を敷けば、寝室に変わった。正月には襖《ふすま》を外して広間を作り、お重を開き、酒を汲み交わす。そこは年に一度、親戚が集まって元気な顔を見せ合う場にもなった。これが欧米とは違う日本人の合理だと思う。

ところが今は、エアコンの効いた人工的な環境が心地よいと錯覚し、部屋は閉めきったままだ。四季を感じ、自然と共存する素晴らしさをどこかに忘れてしまった。家庭から家事が消え、家族団らんどころか、夕食ですら「チン」で終わってしまう。それは「効率」という尺度で判断しているからだ。家族バラバラな食事も、やはり効率ということなのであろう。

この効率という判断が、模倣品という紛《まが》い物《もの》に走らせた。街は派手なコンビニと安普請《やすぶしん》な家々で埋め尽くされ、子供は良いモノを知らずに安普請の大人になる。これが経済大国・日本人の生活である。何の価値観も持たずして、生活をしているからそうなるのだろう。

日本の象徴でもある新幹線を例にとってみよう。

３００km／hの猛スピードと、それを感じさせない静かさは世界一だ。しかし、効率一辺倒だから味も素っ気もない。カラーリングひとつ見ても、内装のブルーグレーは、旅をする人にとっては殺伐としたものに映る。新幹線は日本を代表する乗り物だから、効率だけではなく人を心地よくするおおらかさが欲しい。

以前、ドイツ人が成田空港に着いたあと、わざわざ新幹線で広島まで来た。技術屋の彼は時間どおりに走る正確さに感心し、また、車窓からの景色には緑がなく、全部小さな家が連なっていることに驚いていた。彼の日本感が、まさか広重の「東海道五十三次」の長閑《のどか》な光景ではないだろうが、そのように見えたのだろう。

私はTGVでフランスを旅したことを思い出し、TGVのほうがゆったりとしておおらかで気持ちがいいという話をしたら、彼は、確かにTGVのほうが快適だが、物理的な振動や騒音では新幹線のほうがいいと言った。けれども、人は物理的な振動や音圧ではなく、室内のカラーリングやシートトリムの感触などの空気感で心地よさを感じるものだと思う。

新幹線でよく見る光景は、子供連れのお母さんが苦労している姿だ。子供が泣くとお母さんは席を立ってドアの外であやし、周りに気を遣っている。子供が何時間も静かに座っていられるはずはないのだから、子供が泣く原因は、新幹線のコンセプトの悪さにある。ヨーロッパの鉄道は丸々1両を子供用の遊園地として解放している。ジャングルジムからスベリ台まであって、しかも床はカーペット敷きだから、お母さんも安心して見ていられるというわけだ。

戦後60年、バブルが崩壊して20年近い。すでに世の中は、効率一辺倒でもなければ、「金銭が一番」の時代でもない。多くの人は、唯金から唯心的な生活へ戻りたいと願っているはずだが、それができない。なぜだろうか。

家は心を満たす原点であるから、家について改めて考え直す必要があると思う。最近の家は効率を重視し、玄関の横に階段がある。2階には立派な子供部屋があり、子供は玄関からそのまま自分の部屋に入れる。もし嫌だったら、お母さんの顔を見ずしてテレビやゲームに明け暮れられる。本来、子供は母親の横で勉強し、部屋は3畳にベッドひとつで充分だ。母親と一緒にいると、親に怒られても、しこりが残らず元に戻れる。

良い家は家族の和を育み、また四季を感じ、自然と共存した生活を送ることができる。そういった家に戻すことによって、日本人の心が再び蘇るように思う。

1-2 カイエンよりハイエースが格好いい

ところで、私は息子と月に一度の割合で、オフロードコースにバイクで走りにいく。目的は汗をかいたあとの旨いビールだ。さらに身体も鍛えられ、サーキットでも少しは速く走れるというご利益《りやく》もある。息子の目的はもちろん、レースで勝つことだ。

しかし、これほどに厳しいスポーツもないと思う。なにしろ2ℓの水を一気に飲み干すほど喉が渇き、頭のてっぺんからつま先まで、泥だらけになって格闘するのだ。怪我や骨折はつきもので、半端でない筋力と持久力が求められる。

そんな練習が終わって我が家に戻り、トランスポーターからバイクを降ろしていると、その横を邪魔くさそうな顔をして、白いポルシェ・カイエンが通り過ぎていった。東京の街で幅をきかせてのお通りだ。おそらく一度も悪路を走ったことがないのだろう。カイエンはピカピカに光っていた。

私の東京での足は、自転車と、WR250Fというエンデューロバイク、そしてトランスポーターのハイエースである。そりゃあ！日々の足にカイエンはいいかもしれないが、まったく欲しいとは思わない。ハイエースで充分なのだ。要は目的にあったモノを使い込むことこそが、格好いいと思っているからだ。街中を用もない四駆で走り回るのは、土足で人の家に上がり込むようなもので、だいぶ前から顰蹙《ひんしゅく》を買っている。いやいや、買えない者の僻《ひが》みも幾分手伝ってはいるが。

時たま女性を乗せる時には、泥まみれのバンでは失礼だと思うが、「下手なクルマより機能的で格好いい」と言ってくれる。社交辞令なのだろうが、彼女たちのほうがわかっている。

話は変わるが、テレビのファッション・チェックの番組で、着飾った女の子にピーコが、「ジャケットもパンツもブーツもぜーんぶブランド品で素敵じゃない？　でもひとつだけブランドじゃないところがあるわよ。それは中身のあなた自身よ」と言った。実にいいセリフだ。たぶんブランド品がお好きな方は、ブランドが自分の存在を示すわかりやすい方法だからそれを身にまとうのだろう。でも、もとはというと自分の眼力が頼りにならないから、誰もが知っているブランドに走ってしまうのかもしれない。だから「俺」には、ピカピカのカイエンより泥だらけのハイエースのほうが似合っている。

もし、東京の街がピーコの言うような指摘を省みたら、虚勢を張った高級外車は姿を消し、パリのように小さく実用的なクルマばかりに変わるかもしれない。パリもパーキングスペースが少ないから、バンパーを当てて前後のクルマを寄せ、自分のスペースに収まるさまは、眠くなった子犬が寝床をあさっているようにも見える。ふだん、足に使うクルマというのは、所詮そういうものだ。

ピカピカのカイエンより泥だらけのハイエースのほうが格好よく見えるのは、使いこまれた道具としての魅力を感じるからだ。もう一台、広島で使っているメルセデス・ベンツのD３１０バンは合理的な面では天下一品で、もう16万kmも走りこみ、日焼けした外板色は艶消しのポリバケツ色になった。

大工が新品の鑿《のみ》や鉋《かんな》を使うと絵にならないように、道具は使いこむほどに使い手と一体化する。その慣れ親しんだところにこそ格好よさが生まれるのだ。

これもモノと人との関係である。

友人の若手建築家、木村大吾君が、旧家を一軒ずつ調査して、間取りや木の使い方を調べていた。ある家で桟の入った木製のガラス戸が眼に留まり、その作り方に感心していると、奥さんが「ウチもそろそろアルミサッシにしないとねぇ」と言ったという。ここでも「心地よい」の基準が違っていたのだ。

彼はがっくり肩を落として、「人が歳を取るように、モノも年と共に古くなり、古いものにはそれなりの良さが現われる。特に使いこむほど良くなるモノは、最高に格好いいです」と、年齢に似合わず良いことを言っていた。

趣や情緒がある素晴らしいモノも、古く効率が悪くなると、諸悪の根源かのように取り壊されゴミとなる。そこに建つ新しい家は、味わいや情緒がないため、なんだか知能指数までも低く見えてしまう。家は景観を作り出す大きな要素であるから、街までそう見えるのだ。

クルマも家も家具も、見栄や効率一辺倒で判断する時代ではないはずである。

1-3 プレミアムとは

ところが、先ほどのピーコの話ではないが、人がブランドに弱いのも事実だ。そこを狙ってか、自動車メーカーも薄利多売から付加価値の高いモデルにスイッチし、プレミアムブランドを目指すところが多い。

少し前にある自動車メーカーのミーティングで、プレミアムブランドについて話し合ったことがあった。プレミアムという言葉は、ふだん当たり前のように使われているが、改めて広辞苑を引くと、「割増金、手数料、打歩《うちぶ》」とある。ますますわかりにくい。

議論が煮詰まってくると意見も集約され、プレミアムとは、経済論理やバリュー・フォー・マネーでない価値とか、必要としないところに生まれる価値など、多くの意見が出た。そうやって見ると、プレミアムはダイヤ、骨董、スポーツカー――いや、白洲次郎や三島由紀夫の生き方も、プレミアムであるという話になった。

では、なぜ人はプレミアムを求めるのだろうか。それは己の満足であったり、こだわりの証であったり、見られることの優越感であったり、またある人にとっては自己表現のひとつで、晴れの舞台に上がるツールであるかもしれない。

次にプレミアムを作り出す、作り手側の要件を話し合った。まずは人々から信頼され、共感を呼ぶ理念や哲学があることだ。哲学というと難しいが、クルマ作りの考え方を持っているということである。

また過去を振り返ってみると、プレミアムと呼ばれる名車は、レースと共に成長してきたといえる。他車を引き離すパフォーマンスとモータースポーツの栄光は、プレミアムの大事な要素である。日本メーカーは、モータースポーツにかかる費用を広告宣伝費に換算し、費用対効果で判断する。だからモータースポーツに莫大な金を注ぎこんでも、熱さが伝わってこない。

本来レースは、作り手の本能で行なうものだ。人には「モノを創る本能」があり、できあがると、それがいかに速いかを競いたくなり、「競争の本能」が芽生える。それが本来の姿だ。だからサーキットは、昔から作り手同士が集う社交場として賑わってきた。日本車がプレミアムになりにくいのは、こういった作り手の情熱が見えないのも、理由のひとつといえよう。

そうはいっても、70年代までの日本車は、今よりはるかに個性があり魅力的だった。この時代の技術屋は脇目もふらず、ひたすら自分の想いを形にしようとしたからだ。また、当時は個性的な技術屋が多かったのも事実で、それがクルマという形になって表われていた。

つまり、「プレミアムとは作り手の個性そのもの」なのである。この個性や拘《こだわ》り、頑固さが、色褪せない美しさに繋がっている。個性的なモノは個性のある人から生まれるのだから、個性がなければ魅力的なモノは作れない。

考えてみると、「人の価値とはその人の個性である」と思うのだ。ところが、日本では「出る杭《くい》は打たれる」わけで、個性のある人も気がつくと角を丸められている。もともと日本では個性を伸ばす教育をせず、横並びを善しとするから、個性的なモノが生まれにくいのは当たり前の話である。今後は個性を伸ばす教育を、学校でも家庭でもしなければならないし、企業はそういった個性ある人を活用してほしい。何万人もいる自動車メーカーには、すでに強い個性を持った方がおられるはずである。もし彼らの個性が強すぎる反面、足りないところがあれば、それは周りが補えばいい。

1-4 プレミアムよりど真ん中

おもしろいのは、同じクルマでも、置かれる場所によってイメージが変わることだ。例えばSA22Cという初代RX-7は、国によってまったく評価が分かれた。日本では「走り屋」のクルマとして名を馳せたが、アメリカとオーストラリアではスポーツカーの真髄であるとして、まさにプレミアム商品だった。事実、今でも高い評価を受け続けている。クルマは、乗る人や置かれる環境によっても意味合いが変わる。

だからメーカーは良いイメージを作ろうとやっきになるのだが、プレミアムを目指すより、まずは自分のドメインの市場を大切にすることが肝要だ。少し前のことだが、マツダも一時プレミアム・メーカーを目指していた時期があった。その時に、当時アクシスの企画部長であった林 英次氏と私が初代デミオを提案した。

提案は次のような内容だった。今の時代、クルマは小さく、しかもあれもこれも積んでどこにでも行けると思える合理性があること。またRVブームの影響があるため、力強く丈夫に見えるデザインであること。そして大切なのは、保有顧客のど真ん中を狙うものでなければならない――。

狙いは的中し、96年8月に発表した全長わずか3・8mのデミオは、カー・オブ・ザ・イヤーを受賞しただけでなく、6年間に65万4772台も販売され、単純計算で毎月9000人もの方々に購入していただいた。途中、ニッサン・キューブなどの競合車も現われたが、それらに影響されることもなく大ヒット商品となり、マツダを窮地から救ったのだ。

このデミオがヒットした要因は、マツダが保有する顧客のど真ん中を突いたことと、時代に合ったメッセージ力があったことにある。当時、バブルの崩壊によって、人々は省資源や環境問題を意識し、合理的な考えを持ちはじめていた。そのお客の気持ちをデミオがいち早く代弁したのだ。

それからちょうど10年、SUVは姿を消し、1500cc以下のヴィッツやフィットが増え、環境を意識したハイブリッドが注目を集めている。いや、それ以上に軽自動車の人気が高まり、台数を伸ばしている。これらのことを考えると、いかに初代デミオが先を行っていたかということがわかる。

ちなみに日経の調査では、予想を上回るハイブリッド効果が表われている。25〜49歳の既婚男女に訊いたところ、64%もの人がハイブリッド車を買いたいというのだ。その理由は、価格上昇分はガソリン代でもカバーできないが、環境に貢献している気持ちになれるからだという。

実際に燃費の良いクルマを評価すると、ハイブリッドのプリウスが群を抜いて良いわけでもなく、燃費が良いといわれている小型ディーゼルやヴィッツ、ターボのない軽自動車も、運行燃費は総じて20〜28km／ℓの高いレベルにある。いや、この20km／ℓから先の1km／ℓを上げるために、技術屋は血がにじむ努力をしているのだが、運行燃費というものは、ちょっとした走り方の違いで大きく差が開くものなのだ。

軽自動車の燃費は、ターボが付いていなくてもさほど良くはないが、先日、借り出したダイハツ・ムーヴは軽とは思えないパッケージングを確保し、燃費は19・3km／ℓにまで伸び、ノン・ターボでも充分な性能を発揮していた。乗り心地もかつての軽とは違い、意外と楽チンだった。

こうなると、大人が胸を張って乗れる軽自動車が欲しくなる。何十車種もある軽のなかでそういったクルマがないのが不思議なくらいだ。では、大人が乗れる軽とは何かというと、セダンやワゴンといったボディ形状ではなく、テイストが大人であるということである。

ほぼ同サイズのオースティン・ミニもフィアット・パンダもチンクエチェントも、年齢に関係なく誰もが好感を持って乗れる。それは媚《こび》がなく、可愛い子ぶった丸文字グッズでもないからだ。その奥には作り手の「美学」が感じられる。こういった軽自動車ができれば、間違いなくヒットするだろう。

実は、以前フィアット500（チンクエチェント）に、日本の軽自動車のエンジンを積むことを考えた。フィアットではすでに生産を中止しているので、ノックダウン生産をしているスペインのセアト社にユニットを送り、完成車を日本に持ちこめば軽として登録できる。フィアットの場合はすでに小型車登録をしているためにできないが、セアトならそんなメリットもあった。さっそくセアトと調整を図ったところ、プレス型はまだあるようだが、残念ながら、ラインで生産することはできないとの返事がきた。

チンクエチェントの設計者であるダンテ・ジアコーザの美学を、日本のエンジンを積んで永らえさせようと考えたが、泣く泣くあきらめざるをえなかった。それにしても、大人が胸を張って乗れる軽自動車があれば今でも欲しい。

1-5　クルマは5台持たないと満足できない

大人が乗れる軽自動車が欲しいと思う一方で、新しいマセラーティ・クアトロポルテの魅力に引きずりこまれ、相変わらずランドローバー・ディフェンダーの素朴さもいいと思う。

真面目なところでは、ルノー・メガーヌも欲しいクルマのひとつだ。クアトロポルテは理屈なしに、あの気品と色気、そして官能の世界に心が動いてしまう。いやいや心が動いても、1540万円もの大金などあるわけもないから、ただの憧れで終わるのだが。

もう、いい加減に乗り換えるのは止めて、家族のように「一生付き合えるクルマ」をと考えてはいるものの、そのクルマが見当たらない。だから今までに90数台も乗り継いでしまった。

そんな姿を他人は病気というが、多くのクルマを乗り継いで、やっとわかったことがある。それは、初めて会った人でも旧知の友のような人がいるように、クルマにも自分の心と共鳴する図式があるということだ。

この心理状態を分析したのが「交流分析」である。これはフロイトの精神分析を基に精神科医のバーン博士が創出した心理療法で、人を5つの心理状態で分析している。この「交流分析」を応用すると、欲しいと思う「心」と、好きな「クルマ」の関係が見えてくる。

その5つとは、「威厳の父親」「包容力の母親」「合理的な大人」「順応の兄」「甘えの赤ちゃん」である。この因子が人と人との交流の際に絡み合うのだが、人とクルマにも当てはまることがわかった。「交流分析」についてはこれまでも述べてきたので、ここでは簡単に説明しよう。

最初は「父親の因子」で、強さ／象徴／威厳を求めるものだ。ワシは部長だ！と部長風を吹かすのも、高級外車で風を切りたいのも、金側のロレックスが２００万円もしたなんて自慢したがるのも、この因子の表われである。

しかし、誰にもこの因子は多かれ少なかれあり、最近は特に「力強さへの憧れ」志向が芽生えつつある。長引く不況や環境問題から、人々は我慢を強いられ、その反動が出始めているのだろう。ハマーやクライスラー３００Ｃ、ハーレーが格好よく見えるのも、その現象である。

二番目の「母親の因子」は、包容力／優しさを表わしている。昨今、困った人を見ると助けたいという人が増えたのは、母親の因子が顔を覗かせているからだ。神戸の大震災以降、人々はボランティアに積極的に参加するようになった。また、省エネなど環境問題への関心もそのひとつである。

一方で「母親の因子」は、癒しの現象も作り出している。というのも、我々の生活は日々、分単位で進み、情報は瞬時に入り、すべてが効率優先で動いている。この効率重視がストレスとなり、時間に追われ、情報を求めているもののそれに翻弄され、すべてが雑音のごとく煩わしく感じられてくる。

だから癒されたいわけで、その表われが自然回帰、日本回帰、浪漫回帰の志向である。スローライフやＬＯＨＡＳ（life of health and sustainability）も、健康的にのんびり暮らしたいと思っている気持ちの表われだ。この現象は時代の空気と母親の因子が結びついた結果で、クルマにもおおらかでゆるい方向を望む人が増えている。

三番目の「大人の因子」は合理性を求めるもので、物事を賢く合理的に判断する因子である。今やこの因子は世界的に高まり、誰もが「もったいない」の精神でモノを大切に使うようになった。また「とりあえず」から、どうせ買うなら少しぐらい高くても納得するものを買おうという人が増えた。

欧州は日本よりモノを慎重に選び、「もったいない」の精神が高い。価格が高いディーゼル車が、全欧で市場の40％も占めるのはそこに理由がある。ちなみにオーストリア62％、ベルギー57％、スペイン54％、フランス49％である。

日本にいるとわからないが、欧州のディーゼル・エンジンは燃費が大幅に改善されている。アウディＡ４は大人４人に荷物を満載して、１６０km／hのクルージングを含めても17・０km／ℓにも伸び、バイク並みの燃費だった。ＢＭＷ３シリーズは、Ａ４よりいい走りっぷりをみせるかわりにやや燃費が悪いが、いずれも好燃費である。ランチア・イプシロンのディーゼルを足に使っておられる小林彰太郎さんは、燃費は23・7km／ℓを記録し、しかも軽油は安いので、宇都宮まで往復してもわずか1200円で済んだと話しておられた。

欧州でディーゼル・エンジンの評価が高いのは、基本的に燃費が良くCO_2が少ないからだ。いっぽう、ディーゼル・エンジンの弱点である真っ黒い煤《すす》は石油の硫黄分を減らし、酸性雨の原因であるNO_Xはエンジンと触媒で対応している。

日本のディーゼル・エンジンが大きく遅れをとったのは、政府に責任がある。具体的には、「環境省管理局自動車環境対策課」と「国土交通省自動車交通局環境課」という、長い名前のところだ。

日本は経済発展を目的に、軽油の税率を下げ、価格を抑えてきた。ところが硫黄分の規制がゆるいため、黒煙の出る軽油をたくさん使ったのだ。そのため尼崎の大気汚染が発生し、その後も大型トラックが煤煙を撒き散らすことがたびたび問題になった。

国の対応の悪さに業を煮やした石原都知事が、ペットボトルに入れた煤煙を見せて、1日でこのペットボトル12万本が撒き散らされていると力説し、独自の規制を打ち出した。すると環境省はあわてて別の規制を作った。その規制が急であったため、自動車各社はいまだに対応できずにいる。

近くに住む、残土の運搬を生業にしている人は、「2年前に100万円も使って浄化装置を取り付けたのに、このクルマはもう使えないから、泣く泣く新車に入れ替えたんですよ。まだ元気に走るダンプの下取りは二束三文だし……」とこぼしていた。環境省が「環境」という大義のもとで、次々にトラックという大型ゴミを出し、国民に多額の出費を被せている。我々はディーゼル・エンジンを諸悪の根源かのように思いこんでいるが、それは勘違いで、政府の対応が遅いだけなのだ。

欧州はディーゼル・エンジンでだが、日本はハイブリッドで頑張っている。2車種を同時に比較したことはないが、燃費にはさほど大きな差はないように思う。また音も最新型のディーゼル・エンジンはレシプロとほとんど変らないレベルにある。ということは、どちらが合理的であるかというと、今は構造がシンプルなディーゼルに軍配が上がる。

次のステップでは、ディーゼル・エンジンはこれ以上の燃費向上は難しいから、彼らはディーゼルのハイブリッドにするだろう。となると、トヨタのあの緻密なコントロールが優位となり、次のステップでは日本車（トヨタ）に軍配が上がることになる。

トヨタのハイブリッドがあれだけの動力性能を発揮しているのは、環境のために我慢をさせないというのが前提にあるという。事実、ハリアーでも先日発表されたGS450hでも、首がのけぞるような加速がずーっと続くのだ。これはこれで納得するが、環境への配慮は材料を使わないことが一番、いわゆる軽量化に比例するわけだから、次はシンプルで軽いハイブリッドになり、さらに燃費は向上するものと考えられる。

いやいや、さらに環境、燃費に優れたものがある。それはＥＶ（電気自動車）だ。例えば、電動コミューター「コムス」の１００㎞を走行するに必要な費用は、わずか55円。同じサイズのバイク（ジャイロ）が５５６円だから、10分の１である。同様にＣＯ$_2$排出量も４分の１だ。

軽自動車でも電動にすると走行費用はやはり10分の１で、ＣＯ$_2$排出量も４分の１である。と、力説するのは東京電力・研究所の姉川尚史さんだ。

実際に運転してみると、極低速からトルクがあるため痛快なくらいによく走る。当たり前だが音もせず、滑らかだから街中にはぴったりだ。排気ガスが出ないと、なんだか世の中にいいことをしている気分になる。

しかし問題は、モーターやバッテリーのコストで、「コムス」の価格は80万円もする。これを克服し、２人乗りが可能となれば、原油価格の高騰もＣＯ$_2$もなんのそのだ。

話が長くなったが、いずれにしても「大人の因子」の合理性では、日本車は何年も前から本領を発揮し、ここから先も世界の模範となるだろう。

四番目の「お兄さんの因子」は順応の因子で、人の意見を素直に聞き、自分もそう思うというものだ。子供の時は順応だが、歳をとると頑固になる。日本車は頑固でもなく我《が》も張らず、文句ひとつ言わないので、順応の因子が高い。だから反面、つまらなく感じたりする。

最後の「赤ちゃんの因子」は、理性ではなく甘えの因子である。これも誰にでもあるもので、我儘《わがまま》をいったり、思うようにいかないとダダをこねたりするのは、この因子だといわれている。上にペコペコとゴマを摺り、下に厳しく偉そうな態度をとるのは、この因子と、父親の威厳の因子が強い人らしい。

と、立派なことを言いながら、自分自身が時々アメリカ車に、無神経に乗ってみたいと思うのは、まさに甘えの因子があるということだ。

以前、粗末な家を建てた時に、クルマをローバーの２０００ＴＣから、一気に中古の軽自動車に替えた。自分で開発した2サイクルのシャンテである。ところが、家を建てたからといって趣味までも我慢するのが、どこか女々しく思えてきた。そもそも軽にしたからといって、いくらの節約になるかはわからないが、心までが貧乏くさくなったのだ。そこで３６０ccから、一気に5ℓV8のマーキュリー・クーガー（67年）に替えた。まさに無駄の塊のようなクルマである。けれども人には無駄が必要で、このどうでもいい無駄が心に余裕を与えてくれた。

先日も、後述する中條さんのマスタング（66年）に乗る機会があった。外板色は日焼けしたポリバケツのような青で、放っぽらかしのヤレた感じがいい。それでいてエンジンは、いつも同じようにV8の鼓動を響かせる。この鼓動と大雑把なビニールシートやスキだらけのインストルメントパネルは、日々、真面目ぶって屁理屈を並べた生活から決別させてくれる。マスタングは頭のなかを能天気にしてくれ、これが気持ちいい。

「交流分析」でわかったのは、クルマは5台持たないと満足できないということだ。女性を5人揃えるのとは違って罪はなく、クルマにも人と同じ感情を求めているということになる。日本車は壊れず燃費も良く、いいクルマだが、魅力に乏しいのは「大人＝合理性」と「お兄さん＝順応」の因子のみしか感じられないからである。

1-6　格好いいとは、なんだろう

私は多くのバイクを所有してきたが、その目的はレースで勝つことであり、また、「父親の因子」を満足させるためである。だから、勝ち目がないものは持たない。また、レーシングバイクは兵器のように機能剥き出しだから凛々しくさえ見え、それが格好いい。

鉄の塊は男の象徴である。ところが最近のクルマには、「俺はオトコなんだ」と、男を表現できるクルマがない。ガキの頃のワルやワンパク、不良っぽさなどのエネルギーを、巧く表現してくれるクルマが欲しいと思う。

スポーツカーやバイクには、そういった不良の道具としての面があるものだ。しかし、ともに販売不振にあえぎ、ミニバンが一世を風靡している。それは格好いい男ではなく、小さくまとまった「いいお父さん」でありたいという人が、世の大半を占めているということだ。

世の中、すべてが中性化し、男であることを示せるモノも場所もなくなった。女の子に「いい人」といわれても、モテない男の代名詞のように聞こえてしまう。この言葉は男の要素に欠け、「親切で無害なオジさん」という意味が含まれている。

にもかかわらず、ハイパワーなミニバンが下品な運転で幅をきかせるのは、そういったお父さんにも「力強さへの憧れ」があるということだろう。

いや、今やミニバンは、お母さんたちの井戸端会議の場と化した。幼稚園に学校、塾にスポーツクラブ、近所の子供やお母さんをまとめて乗せる。おしゃべり好きなお母さんは、待っている間はもちろん、走っている時も話は止めない。

時たま家族で行楽地に出掛けたり、実家へ帰ることもあるが、それはお父さんを説得する理由にすぎない。井戸端会議のクルマは、お母さんたちが当番制で出すことになっているから、ミニバンがないと肩身が狭い思いをする。だから、どうしてもミニバンが欲しいのだ。そうでないと近所付き合いもできなくなってしまう。これがミニバンの売れる理由である。

そこへいくと、スポーツカーはまったく違う。スポーツカーは、いいオンナと同様に、リスクがあっても、それ以上の魅力で男をその気にさせるクルマである。頭で考えればスポーツカーはなくても良い、いやないほうが良いが、本能が欲しい欲しいとダダをこねる。本能に忠実に生きることが人間らしいと自分に言い聞かせて、やっと覚悟を決める。

ところが、こっちはリスクを負ってもいいと覚悟したのに、最近のスポーツカーには、それに見合った魅力がないのだ。オンナだってそうじゃないか。ちょっと綺麗なくらいではダメで、知性や色気、さらには魔性を兼ね備えていると、本能が揺さぶられてしまう。いや、揺さぶられることを願っているだけだが。

そういったクルマに乗ってサマになろうとすると、クルマに負けない「オトコの磨き」が必要になる。しかし、そんなクルマは消えてしまった。もともとスポーツカーは三つ指をついて「お帰りなさい」という本妻ではないわけで、男に喝を入れるためにも、三つ指云々《うんぬん》でないクルマを作ってほしい。

格好いいと思うのは、１９３０年代から50年代に英国で作られたベロセットKTTマークⅧやノートン・マンクス。クルマでいえば、アストン・マーティンやベントレーRである。これらには媚《こび》や諂《へつらい》など微塵もなく、凛とした「気」を放っている。だから、いつかはこいつを手に入れ、乗りこなしてやろうと思う。

ところが60歳を過ぎても、私はこれらが放つ「気」に負け、自分の配下に収めることができない。ベロやマンクスに会うと、「すみません。ちょっと跨ってもいいでしょうか」と、バイクに頭を下げている自分がいることに気づいたりする。格好いいというのは自分より高いところにあるからで、まだまだ修行が足りなく感じる。

しかし、作り手の意思が見えないものは、性能や品質がいくら高くても自分より格下に感じ、ついついケチをつけてしまう。格好だけスポーツカーでも、作り手の美学が感じられないのは、ハリボテと同じでスポーツカーではないのだ。

当時のバイクやクルマが格好よく見えるのは、プランナーやデザイナーがいなかったからだ。エンスージアスティックな技術屋が、客の顔など見ず、自分の魂に忠実に作っていた。だから個性がある。この個性こそが「作り手の美学」である。では当時のモノはすべてが格好いいかというと、決してそうではない。一個人の力量で作っていたため、「駄馬」が多かったのも事実だ。

この世界を制した英国のメーカーは、大きくふたつに分けることができる。ひとつはジョンブル魂を貫いたベロセット、ノートン、ビンセント、マチレスなどで、凛々しさが漂っている。いっぽう、トライアンフ、ＢＳＡといった、自動車のジャガーのように、アメリカ人が好む英国らしさを出して外貨を稼いだものがある。

日本でいまだにトライアンフやＢＳＡが名声を維持しているのは、米国と同様にこの２社のバイクが多く輸入されていたからだ。しかし、いずれにしても70年代に台頭してきた高性能、高品質、低価格の日本製バイクにはついていけず、６８５社もあった英国二輪メーカーはことごとく自ら息の根を止めた。それによって世の中からは「頑固もの」が消え、「親切で無害なオジさん」ばかりになった。

凛としたモノを簡単に作れるとは思えないが、土を練っただけの単純な皿茶碗にも凛々しさがある。焼き物は、陶芸教室などでも教えているように、土を練って作るわけだから、誰にでも作れる。しかし、わずかな面の張りの違いで、優しく見えたり、可愛く見えたり、あるいは凛々しく見えたり、さらにはだらしなく見えたりもする。

朝鮮の李朝時代の壺や皿は、張り詰めた「気」を感じるが、一方で人間的な温もりが漂っている。冷たく焼き締められた面には、緊張感と安らぎが両立しているのだ。それは家具も同様で、佇まいが静かである。おそらく当時の陶工は読み書きができなくても、凛々しい生き方をしていたにちがいない。

この無名の陶工の凛々しさが、一枚の皿を通して使い手に伝わる。それは、あたかも皿が「俺を超す料理を乗せてみろ」と言っているかのようだ。今、このようなモノが作れないのは、「作り手の心」に問題があるということであろう。

1-7 右脳が欲しがるモノを作れ

家と同様にクルマも2万個のなかのひとつだ。しかしクルマは、道具でありながら別の要素を持っている。それは「白モノ家電」とまったく違うということだ。

好きなモノを買う時は、右脳が「欲しい、欲しい」とダダをこね、何の役にも立たないものに大金をはたくものだ。左脳は幾度となく「そうはいっても……」とブレーキを掛けるが、最後は右脳に押し切られてしまう。

趣味の骨董やバイク、スポーツカーを買うときは、右脳がいてもたってもいられず、出物がでると、「もし、ここで手に入れなければ、二度と巡り会えないかもしれない」と、左脳を説得する。左脳は冷静に「ふだん使うこともないし、いつ壊れるかわからないモノに、大金を払うのはおかしいだろう。しかも同じモノを幾つも持っているではないか」と合理的な判断を下すが、大抵は負けてしまう。

ところが掃除機となると話は違う。壊れるまで使って、壊れて初めて買うわけだが、ここは右脳は口を挟まず、左脳がバリュー・フォー・マネーで判断する。

●クルマは氷山と同じ

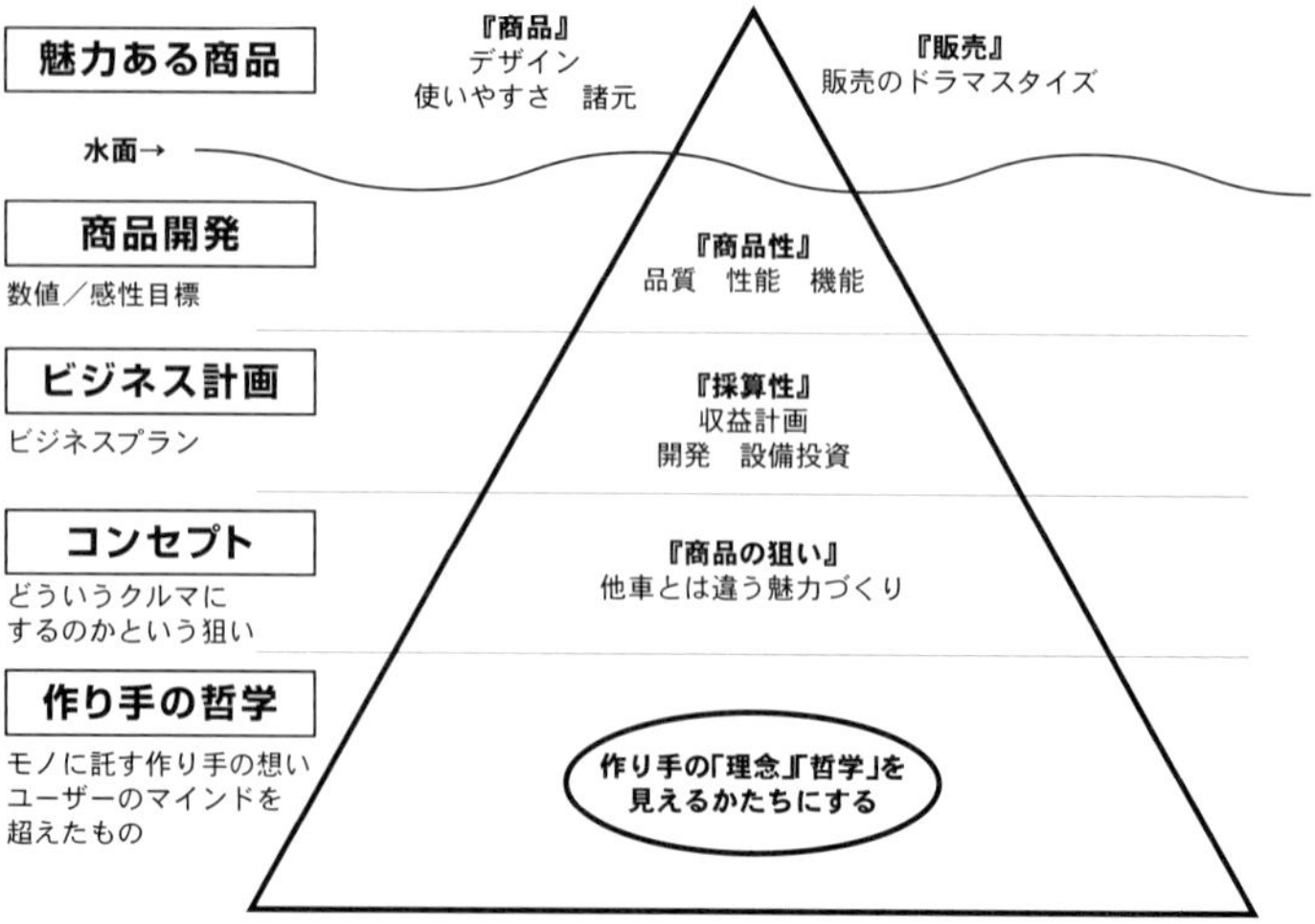

日本の商品に必要なのは、右脳が「欲しい、欲しい」とダダをこねる魅力である。それも、酸いも甘いも知った大人の右脳を刺激するものでなければならない。ではその魅力とは何だろうか。

右ページにある、氷山の格好をした図を見ていただきたい。我々は水面上にあるクルマのデザインや大きさ、使いやすさなどから、これを買ったらああしてこうしてと考え、クルマ雑誌やセールスマンの話などからさらに夢を広げる。

ところがクルマは、企業の持つイメージでもって、見えないはずの水面下も透けて見えてしまう。たぶん壊れないであろうという信頼性や品質もさることながら、その下の企業としての収益性やコストなどまでが、なんとなく透けて見えるクルマがある。

この収益性やコストの下にはコンセプトがあり、どういうクルマにしたいのかという商品の狙いがある。ここまでくると深度が深くなったのか、ぼやけて見えにくい。ところがクルマというのは、本来、もっと深いところに作り手の哲学があり、それがコンセプトとなり、最後には水面に浮かんだ部分に反映され光を放つ。この見えないはずの「作り手の哲学」を感じ、それに共感する。この哲学が右脳を刺激するのだ。

アレック・イシゴニスのオースティン・ミニにも、ダンテ・ジアコーザのチンクエチェントにも、ジウジアーロがデザインしたフィアット・パンダにも、右脳を刺激する魅力がある。

ところが、ほぼ同じサイズの軽自動車は、右脳ではなく左脳で判断する。いや、これは日本車全般にいえることで、白物家電化の理由はここにあるのだ。

クルマ開発の初期段階では、プロジェクトの関係者が集まって合宿を行なう。バブルの時は世界中を見て廻り、超一流ホテルに場を構えたこともあった。メンバーはプランナーを中心にデザイン、設計、実験、営業まで十数人である。そこでコンセプトを練るのだ。コンセプトとはどのようなクルマにするかという狙いで、競合に勝てる戦略を立てる。ところが問題は、どんなに立派なコンセプトを立てても、作り手の心や哲学は合宿では作れないということである。

少し例が悪いかもしれないが、雑誌のコラムや記事を読んでいて直感的に「ウソ」だとわかることがある。ウソというのは書き手がストーリーを頭のなかで作っているということだ。それを感じた瞬間、そこから先は読まなくなる。いくらベテランが上手い文章を書いても、我々は書き手の心を聞きたい。心というのは、生きているリアリティのことだ。だから、空想物語では何の訴求力も持たない。

右脳がときめかないのも同様な理由である。作り手が心や哲学を持たないままスタートすると、生産までのゲートウェイが決められているため、そこに向けてひた走る。コストや品質など、多くの問題をゲートごとに通過させなければならず、哲学を育んでいる時間はない。要は、開発陣が苦労して目標とする性能や品質を達成してもお客の心が動かないのは、心のない空想物語の作家と同様であるからだ。

卑近な例だが、89年に発表したユーノス・ロードスター（初代）を開発した時に、自分のなかには次の3つの想いがあった。これが氷山の一番深いところに位置する。

1. スポーツカーはミニバンとは違い、「憧れ性」はあるが、反面「ねたみ」や「さげすみ」という偏見もある。その偏見をいつかは打破したい。
2. 今やモノ離れが進み、手に油しない人が増えた。そのため、誰もが標準工具で整備ができ、モノと接することのできるクルマにしたい。
3. クルマには家族の一員のように、一生付き合える「心情的」な面が大切で、使い捨て文化から離れたモノにしたい。

いずれも大それた想いだが、私は初代のＦＦファミリア（１９８０年）を担当した時から

「クルマとは何だろうか。人に対してどうあるべきなのだろうか」と、解のない自問を繰り返してきた。また心情的といわれているMGが好きなことも含めて、前述のような想いを持つようになったのも事実である。

ところでユーノス・ロードスターは、巷ではロータス・エランに似ているという声もあったが、それは見方を間違えている。ロータスを設計したコーリン・チャプマンには、レーシングカーも含めて、人間性を無視した設計思想があるように思う。だから、エランと初代ロードスターはまったく別の方向にある。

いずれにしても、この作り手の想いが初代ロードスターに感じられるかを見ていただきたい。難しいのは、作り手の想いとは言葉には表わせない「心」そのものであるから、次の世代に伝えることはできないということだ。

繰り返すが、クルマは左脳ではなく、酸いも甘いも知った大人の右脳が「欲しい、欲しい」とダダをこねるものでなければならない。それは作り手の顔が見えるクルマでもある。

第二章

魂あるクルマ

2-1 作り手の顔が見える

具体的に作り手の顔が見えるクルマを、いくつかご紹介しよう。最近発表された新型車だけでなく、ちょっと旧いクルマも含めて、国別に見てみたい。

・フランス

まずは「プジョー」からいこう。なかでもベーシックな206グリフを、ここでは選ぶ。何の変哲もない1・6ℓエンジンとサスペンション。185という細身のタイアもいい。それでいてエンジンもステアリングもリニアに応答し、クルマから元気をもらうほどだ。ハイチューン版のRCは、ちょっとワルガキっぽいところが何とも言えず、好きなクルマのひとつだ。2・0ℓエンジンは、177psの出力と20・6mkgの高トルクを発揮し、なかなかパンチがある。オトコっぽい内装もキャラクターを表わし、思わずブリブリいわせてしまう。

206のエンジンやサスペンションは、どこのメーカーでも使っているシンプルな構造だが、気持ちよく意のままに追従してくる。それは基本のレイアウトが良いだけでなく、運転の楽しさを知った人がチューンしているからだ。

それもそのはず、プジョーは黎明期に自動車の骨格を創り出したメーカーなのだ。それまでのクルマは馬車のような格好をしていたが、エンジンを前に置き、ハンドルをクランク棒から丸型にし、今のクルマの基本形を創った。最近ではWRCやパリ‐ダカール・ラリーで連戦連勝を重ね、ルマンでも連勝する「元気印」のメーカーである。

元気印で人を爽快な気分にさせてくれる面では、「ルノー」のメガーヌも良くできたクルマだ。運転していることが楽しく、人を若返らせる力がある。それは206と同様に、クルマのフィールがドライにセットされているためで、爽快な気分が味わえる。

ステアリングはリニアで、切ったら切った分だけグイグイ曲がる。サスペンションは前後バランスが良いため、コーナリング中の挙動が安定しており、タイアもよれることなくしっかり路面を捉えている。それでいてスタビリティもすこぶる高い。すっきりした乗り心地の良さは、サスペンション、ボディ、シートのそれぞれの減衰がほどよく調和しているからだ。

スタイリングも元気で、優れたパッケージングと両立させているだけでなく、斬新で、エレガントにさえ見える。特にヒップ周りのユニークな造形は、それだけでクルマが欲しくなるほどだ。さすがパトリック・ルケモンだけのことはある。

人を元気にさせる力は、サスペンションを固めてスポーティに振るのではなく、作り手の考え方や思想が明確であることによって感じる。

・イタリア

次はイタリアだ。ここは熱く魅力的なクルマが多い。そのなかでも「アルファ・ロメオ」ほど魅力的なクルマを、数多く世に送り出したメーカーはないだろう。何しろ戦前までは、レース活動をするための資金源として市販車を作っていたというのだから、いかに熱い血潮が流れていたかが窺いしれる。だからアルファはどれに乗っても熱さを感じる。

戦前のアルファ・ロメオはもちろんのこと、50～60年代に一世を風靡したザガート・ボディのSZやTZ、さらに発展したティーポ33／2は、この世のものとは思えないほどの美しさを持つレーシングカーで、とてつもなく速かった。

一般向けでは63年に発表されたジュリア・スプリントGTがいい。大ヒットした理由は、コンセプトが明快で、卓越した性能がアルファらしかったからだろう。全長×全幅が４０７６×１５８７㎜というサイズにもかかわらず、フル４シーターの実用性を備えていた。デザインは当時ベルトーネにいたジウジアーロが担当した。彼はライトを寄り眼にして、ノーズパネルとフロントフードの間に段差をつけるという独特の手法を取った。その外観から、日本では「段付き」という愛称で親しまれている。

なかでもジュリアGTAは、スチール外板をアルミに換えて、なんと205kg減の745kgだった。さらに100kgの軽量化と、220psまでパワーアップしたGTA-SAは、ヨーロッパ・ツーリングカー・レースで連戦連勝を重ねたのである。ちなみに「A」とは「alleggerita」、すなわち軽量化を意味していた。

写真でしか見ることのできない、そんなシーンに憧れてスプリントGTを手に入れ、赤く塗ったボディに「クアドリフォリオ」のステッカーを貼って、快音を響かせていた時代を懐かしく思う。「クアドリフォリオ」とは白地の三角形に四葉のクローバーを組み合わせたものだ。これは1923年のタルガ・フローリオが初出で、このときトップドライバーのシヴォッチの発案で貼ったところ、みごと優勝を果たしたという曰くがある。その後、すべてのコンペティションモデルに、このマークが貼られるようになり、アルファのシンボルとなった。

アルファ・ロメオはその後の155も元気だったし、156の発表の時は世界中から絶賛の拍手が贈られた。拍手が贈られたのは熱い血潮が帰ってきたからだ。我が家もつられて1台買ってしまったほどである。156の後継である159、軽快なハンドリングのGT、スタイリッシュなボディをまとった高速トゥアラーのブレラ、これらはアルファ・ファンでなくても、人をその気にさせる力がある。

「マセラーティ」の新型、クアトロポルテとなると、おいそれと手が出るものではないが、イタリアの気品と色気が漂い、官能的で濃密な世界に引きずりこまれてしまう。走り出すとさらにその世界は広がり、フェラーリのV8エンジンは華麗なハーモニーを奏でながら400psを発揮する。淀みなく湧き上がるエンジンパワーと、絶妙にチューンされたサスペンションが功を奏し、2トンある車体も軽く感じる。

ところで、フェラーリのV8エンジンが他のV8とは違う官能的なサウンドを響かせる理由は、クランクシャフトがシングルプレーンであることによる。一般的なV8はダブルプレーンといって、クランクスローが90度ごとに分散され、そこに個々のコンロッドが付いている。それに対してシングルは、180度のクランクスローから2個のコンロッドがはえている。要は単純に4気筒をふたつ組み合わせた構造なのだ。メリットは排気脈動を生かしたタコ足のエグゾーストパイプが使えるため、パワーを引き出し官能的なサウンドとなることだが、反対に振動が大きいという欠点が生じる。

ところがクアトロポルテは、わざわざダブルプレーンに作り変えているのだ。それでいて、あの官能的なフィールを出すことにも成功している。おそらくセダンとして振動が許容できなかったためだろう。

価格は1540万円もするが、気品と官能がこれほどまでに調和したクルマは例を見ないから、決して高いものとはいえない。いや、むしろよくぞフェラーリ612の半分の価格で収めたというべきで、そう考えると安い。

マセラーティは長い歴史のなかで、倒産の危機など種々の問題を抱えてきたが、その魅力は昔も今も変らない。人はこの気品と色気、そして官能的な薫りに金を払う。

・イギリス

イギリス代表の「デイムラー」は、ジャガーをベースに贅を尽くしたインテリアと、フルーティッド（縦溝）グリルを採用しており、アルミのモノコックボディにはスーパーチャージャー付きの4・2ℓV8が搭載されている。走り出すとしっとりした質感が伝わり、サスペンションは実に滑らかで、それでいてスタビリティも驚くほどに高い。だから400psのパワーを発揮しても、他車の倍のスピードが出ていることに気づかぬほどだ。価格は1680万円で、これもXJ8の倍もするが、それも納得してしまう。素晴らしいのは、アルミボディにもかかわらず、キンキンした硬さが皆無で、逆にしっとりした滑らかさがあることだ。

デイムラーは1896年に設立され、100年以上も英国御料車として採用された。60年にジャガーの傘下となり、ジャガーの高級ブランドとなったが、象嵌《ぞうがん》細工が施されたウォールナットは上質な家具の如くで、今もデイムラーらしい輝きを放つ。

・ドイツ

次はドイツにいこう。「フォルクスワーゲン」のゴルフGTIやそのプラットフォームを流用したジェッタを見ると、このクラスでは、いやクラスを超えてもこれ以上のものはないかと思わせる出来映えである。特にふたつのギアボックスを並列に組んだDSGは、間髪を容れずにシフトする優れもので、技術の素晴らしさに頭が下がる。

「BMW」からは、世界最高のモノを作るのだという意気込みが伝わってくる。世のクルマがFWDに変わっても、頑固にRWDに固執し続けている。一般的にフロントエンジン・リアドライブにすると、重量で30〜50kg増加し、エンジンルームが40mmくらい室内に入りこむが、その犠牲を払ってもFRにこだわっている。

そのこだわりが与える魅力とは、四足動物が前足で方向を決め、後足で蹴る感覚に近いことだ。コーナーの出口でスロットルを開けると、尻を沈めリアタイアに荷重をかけ、いかにもネコ科の動物が獲物を追いかけるかのような感覚になる。これがいい。

エンジンも他社が衝突安全から全長の短いＶ６へ切り替えたが、ＢＭＷだけは相変わらず直６に固執し、マグネシウム合金の新エンジンまで起こしてしまった。直６はクランクのバランスがもっとも優れているため、心地よいストレート・シックス特有の鼓動が得られる。

それ以外にも、サスペンションからブレーキ、シートに至るまで、ＢＭＷは常にあるべき姿を追い続けている。また5シリーズのボディは、前後重量配分を50対50にするため、ダッシュロワーから前をアルミに作り替えた。それはハンドリングにワルツのようなリズムを与えるためで、それがＢＭＷらしさであり、作り手の魂なのである。おそらくＢＭＷの技術屋は、妥協という言葉を知らないのだろう。

・アメリカ

アメリカ車は意外なほど数が多く、新しいチェロキーやハマー、ドイツ車っぽいキャディラックもあるが、そんななかにあって、リンカーンはアメリカらしさを色濃く残している。

しかし、何といってもアメリカの象徴は「コーヴェット」に尽きる。

エンジンをかけた瞬間から、これほど能天気になれるクルマも少ない。ゴッ・ゴッ・ゴッという鼓動が響き、ひとたび鞭《むち》を入れると、タイアスモークを巻き上げ、身震いさせながら猛ダッシュする。その瞬間、俗世界の煩わしさは吹っ飛び、ワイルドで暴力的な世界に浸れるのだ。

もともとコーヴェットは第二次世界大戦で英国に駐留していた米兵が、MGやヒーレーなどのライト・ウェイト・スポーツ（LWS）に感銘し、母国に持ち帰ったのが開発の発端といわれている。そのため、初期のC1モデルは全長わずか4249mmで、エンジンも3850ccだった。05年のC6モデルでは、大きくなりすぎたボディを全長で100mm、全幅で10mm短縮し、4455×1860×1250mmとしている。

シボレーはノースターエンジンという優れたエンジンを持ちながらも、コーヴェットの重心を下げるため、ヘッドが軽いOHVを53年の初期モデルから採用し、これが伝統になっている。このOHVの鼓動が頭のなかまでシンプルにしてくれるのだ。

・日本

最後は日本だ。ニッポン代表はやはり「クラウン」だろう。

戦後、まもなくして「3Cの時代」が到来した。「3C」とは、クーラー、カラーテレビ、カーのことで、クルマは三種の神器のひとつだった。誰もがクルマに憧れ、特にアメリカ車が格好よく映っていた時代だ。当時は、その大きな〝アメ車〟の間に挟まって、2サイクルの軽自動車がモコモコ煙を吐いていた。そこに日本の最高級車、クラウンが誕生したのだ。エンジンは1500㏄で観音開きのドアが付き、どこか日本的な品格があった。1955年のことである。

「いつかはクラウン」と親父が頑張っていたら、先に息子が買ってしまったという逸話が生まれたように、クラウンは常に日本人の心に入りこんでいる。そんなクラウンが世界の頂点に立った。

のんびりドライブでは静かにおおらかに振る舞い、ひとたび鞭を入れると、3・0ℓV6はビートを響かせ、後輪を空転させながら猛ダッシュする。直噴とVVTの組み合わせは緻密なフィールで、極低速からリミットまで、トルクがフラットである。

静粛性はかなりのレベルにあり、高速でも変わらない。乗り心地もマイルドさを残しながらもフラット感を実現している。ステアリングはリニアに応答し、サスペンションも前後のバランスに優れている。そのため運転が上手くなったように感じる。

もちろん、プレス面の美しさも世界の最高位にある。燃費計測では、高速巡航と、街中での急加速を試みたが、10km／ℓ近くを記録した。トータルの維持費を考えると、クラウンほどバリュー・フォー・マネーの高いクルマはないだろう。

クラウンは賢く合理的なだけでなく、乗る人に安堵を与えてくれる。新型は無国籍に近づいたものの、控えめで繊細で、しっとりしたところが心地よい。そこにはクラウンの持つ日本的な情緒がある。

ところがだ。「レクサス・シリーズ」は、クラウンより完成度が高いにもかかわらず、そういった情緒を感じさせない。レクサスには現在、4種類のモデルが用意されている。底辺を支えるのがISで、アルテッツァの後継にあたる。その上にマジェスタ・ベースのGSと、ソアラ・ベースのSC、そしてセルシオに相当するLSがある。

ISはタイアを四隅に配し、ボディはウェッジが効いたシンプルな面で構成され、いかにもスポーツしそうな面構えだ。ちなみにマークXと比較すると、全長とホイールベースをそれぞれ155mm、120mm短縮、全幅は逆にプラス20mmで、重量はプラス80kgである。この増えた数値の分は、ボディ剛性や遮音材などに費やされたという。

走り出すと、動的な質感はマークXとは比べものにならない。まず遮音はしっかり効き、ロードノイズやザワザワした音が皆無に近い。ステアリングは高剛性でありながら滑らかで、クイックすぎないところが気持ちいい。サスペンションは前後バランスに優れ、高いコーナリングGを発揮する。その裏には、シートをセンターに20㎜ずつ寄せて、重心を中央に集める努力もなされている。

乗り心地は硬いバネを採用したため「?」が付くが、ボディの減衰の良さから完成度の高さを感じる。ブレーキはコントロール性、効き、ともに良く、耐フェード性も高いようだ。そして3・5ℓの直噴エンジンは、リッター当り10mkgを超す38・7mkgを発生する。この高性能エンジンとサスペンションの組み合わせは、BMWのM3にも匹敵するほどだ。

しかし理解できないのは、マークXのプラットフォームを流用しながら、その2倍の価格としたことだ。今さら品質を高めたためでもなかろうし、高級ブランド店の接客費でもなかろう。この価格は何を意味しているかがわからない。

もちろん、トヨタは世界一のメーカーとして、プレミアムブランドが必要であり、高付加価値商品を展開させる理由があることは充分にわかる。しかし高付加価値とは、品質とは別の次元にあるもので、それがデザインを含めて見えないのだ。これでは高級な「白モノ家電」ではないかと思ってしまう。

トヨタもプレミアムが品質だけでないことは充分ご存知のはずで、この世界に入る三大神器もちゃんとこなしておられる。F1を展開し、ヨットレースを行ない、サッカーチームをサポートすることにもぬかっていない。

けれども、肝心な作り手の心が見えないのだ。これはほとんどの日本車にいえることで、本書でも繰り返し主張しているとおりだ。「1‐7章」で述べたように、クルマは氷山のようなもので、我々は水深にある「作り手の魂」を感じたいのだ。そしてそれに憧れ、金を払う。

2‐2　日本車に心ときめかない理由

今や日本のクルマは、世界一の品質と生産台数を誇るに至ったが、憧れという面ではまだほど遠い存在である。アストン・マーティンやマセラーティ、ジャガー、メルセデス・ベンツ——は、クラウンの70％程度の技術力だが、人はクラウンの何倍もの金を払っている。

そう言うと、自動車メーカーの方々は歴史が違うと言う。そうではない。日本は海外の主要メーカーと、ほぼ同時期にクルマを作り出している。ちなみに１９０４年に山羽虎夫が蒸気自動車を誕生させてから、すでに１００年が過ぎた。その後、東京自動車製作所が１９０7年に誕生すると、08年には宮田製作所、11年に日産の前身である快進社、17年には三菱、

31年にはマツダ、33年にはトヨタと日産が生まれている。新しいところでは、ホンダ46年、いすゞ49年、富士重工53年、スズキ54年となる。ちなみにメルセデス・ベンツ１８８６年、プジョーは１８９０年、ジャガーは28年、フェラーリは47年、ポルシェは48年である。

要は歴史ではなく、作り手が「どういうクルマを作りたいのか」というところで差が現われ、今日の結果となっている。にもかかわらず、どこもかしこも、作り手の意思も芽生えていないような若手の感性をあてにしてクルマを開発している。

クルマの発表会で開発のトップがよく口にするのは「このクルマは若い人たちの感性で作りました。我々年寄りは口をはさまず、ここにいる若手グループが作ったのです」という挨拶だ。作り手の感性や創造は、過去の経験のなかからしか生まれない。二十歳には二十歳の感性しかないのだ。

いや、バリバリ仕事をしている中堅社員でも、感覚的に優れているとは限らない。たとえ優れていたとしても、彼らの感性が１００年間のクルマの歴史や、先人たちが作り上げた哲学を超すことは絶対ありえない。にもかかわらず、売れれば官軍とばかりに丸文字グッズのようなクルマを撒き散らす。このような「目利き」がいない子供社会に、日本中が何の疑問も感じていない。

クルマには長い間培われてきた「文法」がある。そしてモノは作り手の「文化」の上に成り立っている。ところが、これらを勉強せずして、市場クリニックと称し素人の意見を聞くところに問題がある。そもそもお客の声を反映するクリニックは、素人の技術屋が素人の意見を聞くということではないか。しかもそれで失敗しても、調査のとおりに作ったのだから、責任は誰にもかからないという無責任さだ。

先日、元・日産の森脇君と話していたら、彼は次のように言っていた。「アメリカ人がクリニックを行なうのは多民族国家だからで、問題が起きないように皆の意見を聞いて、合議制で決めるということなんですね。だから何でも多数決なんですよ」

そんなやり方をマネするから、作り手の意思が見えない。作り手はクルマに「魂」を入れることが肝要であり、買い手はその「魂」があるか否かを読み取ってほしい。そして、ジャーナリズムは「魂」とは何であるかを示し、わかりやすく翻訳することだろう。

ユーノス・ロードスター（初代）には、歴史も文化もなかったが、作り手の意思が明確であったことだけは確かである。その意思は、お客がこうあってほしいと思う「ユーザーのマインド」を超えていたのだ。もちろん、ヒットした要因には、時代的な背景など別の要素もあったことは言うまでもない。

とはいえ、この「ユーザーのマインドを超す」というわずか数文字が難しいのも事実である。お客は日本だけでなく、世界各国にまたがり、若葉マークからレーシング・ドライバーまでさまざま。さらにスポーツカーともなると、熱狂的な趣味の方々がおられる。なかには、何年型のフェラーリは、メインジェットが何番から何番に変わったということまで知っているエンスーもいる。作り手は彼らの心を感じ、それ以上のものを提供しなければならない。

だからこそ、クルマ作りには「目利き」が必要で、それがなければ完成したクルマはタダの鉄の箱である。

2-3　なぜ日本の商品は存在感が稀薄なのか

そうは言いつつ、日本も70年代ぐらいまでは、ユニークなバイクやクルマが多かった。それらには「作り手の顔」が見えていた。ご存知のように戦後の日本は、テレン・テン・テンと軽やかな排気音と、青い煙をモクモク吐いた2サイクル・エンジンで賑わっていた。トーハツにミズホ、ホダカ、スズキ、マルショウ、ポインター、メイハツ、ヤマグチ——当時はブリヂストンやニッサンまでもがオートバイを作っていた。

ちなみに4サイクルでは、メグロ、キャブトン、ホスク、モナーク、ライラック、DSK、ハリケーン、陸王――と続く。では何社あったかというと、実に283社にも上る。これについては公表されたものがなく、個人で調べた結果だが、町工場のようなオートバイメーカーが乱立していたのだ。

軽自動車もまだ360ccの時代で2サイクルが多く、スバル360にスズライト、フジキャビン、フライング・フェザー、ミカサ・ツーリングなどというスポーツカーもあり、日本中が元気いっぱいだった。この後も個性的なクルマが次々に発表された。

58年のスバル360には、この「作り手の顔」がはっきり見える。開発では、シトロエン2CV、フィアット600、ロイト400などを勉強はしたが、マネは一切しなかったという。開発者には飛行機屋としての意地があったのだろう。ボディはタマゴの殻のように薄い鉄板（0・6トン）のモノコックで、他車が540kgもあるのに、わずか385kgだった。小気味良い走りっぷりはこの軽さによるもので、10インチのちっぽけなタイアはグルグル回って、最高速度は83km／hを出した。

作り手の心はデザインにも表われている。社外の佐々木達三がデザインを担当し、彼は「一切の先入観を持たない」ことを何よりも大切にした。他社のクルマを見ず、自らが運転して、その実感からデザインを考えた。スケッチは描かず、木型で作った5分の1の構造物の上に粘土を盛り、次に実寸大まで拡大した。デザインテーマは「飽きがこない、無駄のない、ユニークなデザイン」。その狙いは今もクルマから伝わってくる。

米国は日本のことを「コピーキャット」（模倣品しか作れない国）とさげすんできたが、283社もあったオートバイ会社のなかには、フルコピーの模倣品を作ったところもあれば、ホンダのように独自の日本らしさを模索したメーカーもあった。この自分らしさを出す苦労が、技術を大幅に向上させたものと思う。だいたい日本をさげすんだ米国自身だって、少し前までは欧州のコピーキャットだったことを、アメリカ人はすでに忘れてしまったのだろう。

モノは欧州で根源的な考え方に基づいて生まれる。いわゆる哲学のあるモノが生み出される。それが大西洋を渡ってアメリカに入るとビジネスとして展開し、大衆化する。次に日本（東京）に入ると、モノを情報として捉え、記号化され消えていくわけだ。

そう、日本は哲学を持たずしてモノを作り、表層的な記号として捉えている。そのため、日本のモノ作りは哲学を必要としない。哲学のない商品をデザインで区別化するため、次に生まれた新しいデザインに負けてしまう。そう考えていくと、根源的なモノは、日本では作れないのだろうかと悩んでしまう。

先日、三菱の新型軽自動車の発表試乗会に出席した。エンジンをミドに積んだユニークなパッケージングで、プラットフォームはゼロからの設計だ。

試乗後、車体剛性の高さなどを褒めたのち、エンジンの担当者に、「一般的に軽は高速になると燃費が極端に悪化して、小型車より悪いですよね。全開の空燃比が濃いのですか？」と訊ねた。すると、「はい、そのとおりで、一般領域は理論空燃比ですが、全開は11です」「ええーっ。それって濃すぎてパワーが下がっているところじゃあないですか！　これは社会悪でしょう？」「でもターボがもたないので……」と、担当者は口ごもった。

これは他の同社の新エンジンも同様である。2・3ℓを直噴化し、ターボを付けているが、高速燃費が悪い。直噴は燃費を良くするために高いコストをかけているのだが、逆効果だ。おそらく原因は排気系にあり、1番と2番、そして3番と4番を繋いでいるため、排気ガスが隣の燃焼室に逆流して異常燃焼を起しているのだろう。その異常燃焼を止めるため、燃料を濃くしているものと思う。

4気筒の排気系は、点火順序が1→3→4→2の場合、1番と4番、2番と3番を繋ぐのが原則である。それは排気脈動を利用して新気を充填させ、パワーを引き出すためだ。

あるべき姿がわからずに開発を進めているのか、あるいはわかっていながら妥協したのかは知らないが、いずれにしても、これらのことからは技術屋の気骨も倫理観も感じられない。

エンジンは傍からは見えないが、デザインは作り手のアイデンティティそのものである。先ほどの軽自動車の試乗会で目にした、新型車のデザインについても理解できなかった。

このクルマはメルセデスからの置き土産だったのですかと尋ねると、商品企画の方は怪訝《けげん》そうな顔をされているので、次期スマートの開発を一緒にやられて、メルセデスとの提携が切れたので、その置き土産のように見えるのですが！と訊き直した。

すると、「まったくそのようなことはなく、我が社が独自にデザインしたものです」と言いながら、開発中の写真を見せてくれた。「でも、この写真も現車も、誰が見てもそう見えるじゃない。社内でパクることが恥ずかしいという意見はなかったのですか！」「いいえ、社内ではなくメルセデスの本社の方から、開発中止命令が出ました。そのため一時中断しましたが、縁が切れたので改めて開発し、今に至ったものです」と、素直にお答えになった。

せっかくの試乗会だったのに、プライドの「プ」の字も感じられなく、肩を落としての帰宅となった。

政府は偽ブランド、海賊版の全面輸入禁止の新法を、今年（06年）6月に国会の審議にかけた。昨年摘発された偽ブランド品は過去最高の1万3000個を超し、その大半が中国製である。これらは個人で輸入しても罰則を受けるもので、持っていても罪になるらしい。狙いは模倣品のいかなる輸入も認めないことで、知的財産権に対するの国民の意識を高めるものだという。ところが輸入ではなく、国内の、しかも大企業のなかで、こういったものが作られてしまう。やはり日本は「コピーキャットの国」なのだろうか。

そんなふうに、日本の将来を憂《うれ》えていたが、そうでもないことを知ったのだ。というのは、先日、三菱の商品開発の責任者であられる相川哲郎常務にお会いしたときにこの話をすると、「アイ」が生まれるまでの経緯を説明してくれた。

先ほどの商品企画の方とはスタンスが違っていることもあるが、なによりも彼が、前向きな輝いた眼を持っていることを知った。技術屋もデザイナーも眼を見ればわかるというが、まさにそのとおりで、眼には技術屋の魂が表われる。三菱の新たな商品には、期待が持てそうである。今後が楽しみだ。


いっぽう、ホンダは戦後、多くのメーカーが海外ものをコピーするなか、創業当初から独自の道を歩み、異彩を放った。神社仏閣から生まれたという端正なバックボーン・フレームに、高度なメカニズムのエンジンを積んだのだ。これが、「ベンリイCB92」である。武士のような毅然とした雰囲気を醸し出すスタイリングを持ち、四角いライトの上にはアクリルの風防が付き、ドクロ型のアルミタンクは人を虜《とりこ》にした。

CB92は1959年8月の「第2回全日本クラブマンレース（通称アサマ）」に出場す

るために、その3カ月前に発売された。目的はひとつ、ヤマハYA1を潰し、第1回アサマの雪辱を晴らすことだった。考えてみると、「H・Y戦争」はこの時から始まっていたのかもしれない。

アサマ用に作られたCB92はとてつもない性能で、OHCの125cc2気筒は、1万5000rpmで15psをも発揮した。これは他車の2倍の回転数と出力に相当し、先進的なメカニズムは世界からも驚異の眼で見られた。レースでは無名の新人、北野 元が3タイトルを手中にした。

このマシーンはアサマの対象者に向けて発売されたが、15万5000円もした。何しろ大卒の初任給が1万5000円の時代だったから、その10倍もしたのだ。

ちなみに、「CB」がクラブマンを意味することからも、ホンダがいかにクラブマンレースで勝ちたかったかがよくわかる。このマシーンはライダーにも根性を叩きこんでくれ、ドクロ型タンクにムスコを叩きつけて、息の根が止まるような苦しみを味わった人のは私だけではなかった。そのムスコの形に凹んだタンクはライダーの勲章だった。

ホンダのモータースポーツの歴史は、このCB92から始まったといえる。ご存知のように、高回転型エンジンの考え方は一世を風靡した。今やF1をはじめ、インディー、そしてモトGP、モトクロス、トライアルなど、世界中のあらゆるモータースポーツで大活躍を続けている。

最盛期に283社もあった二輪メーカーは、わずか4社に絞りこまれた。そのなかでホンダが世界のトップに君臨できたのは、そういった気骨が社内にあったからにちがいない。

2‐4 GM、フォードが消える日

クルマから離れて、少し繊維について考えてみよう。繊維は千年、二千年も前から世界各国で織られていたが、英国の産業革命によって機械化され、繊維産業が生まれた。その繊維産業は英国から、労働賃金の安い米国の北東部に移り、続いて南部に移動した。南部の生活水準が上がりコスト高になると、今度は日本へ、そして韓国、中国へと生産の拠点を移した。

商品は完成域に達すると均一化し、コストの安い地域をめぐり移っていく。これが赤松要、レイモンド・バーノン両氏が唱えた「商品循環論」である。

家電もそうだった。50～60年代、我々はホームドラマ『アイ・ラブ・ルーシー』などに出てくる、アメリカの白い大きな冷蔵庫やテレビに憧れた。ところが今のアメリカには、アメリカ製の家電は存在せず、どれも日本製と韓国製に取って替わった。

クルマもそうだ。50〜60年代のアメリカ車は、ロックンロールに乗ってテールフィンを高々と上げ、メッキのバンパーが眩しく光り輝いていた。この時代は今とは違い、誰もがアメリカに、そしてアメリカ車に憧れた。

考えてみると、先日まで「鬼畜米英」と罵《ののし》った敵対国に憧れるのもおかしな話であるが。いずれにしても、日本も戦後の好景気で沸きあがり、アメリカ車のシェアはなんと60％もあった。

ところが今や、日々報道されているように、そのビッグスリーが不振にあえいでいる。次々に工場が閉鎖され、フォードでは5人に1人がリストラで首が切られるという。ロサンゼルスに住む友人ですら、GM、フォードの乗用車は存在感が稀薄で魅力がないと言っている。

ここにおもしろい話がある。GMが小型車「サターン」の新型車を、発表前にクリニックにかけたところ、5点満点の5点を獲得した。次にロゴマークを付けて再評価したら、なんと2・5点まで下がったというのだ。今やGMブランドにはマイナスのイメージしかないということがわかったという、あまり笑えないエピソードである。

アメリカ車が今、路頭に迷っているのは、新型のフォード・マスタングやサンダーバードを見てもおわかりのように、50〜60年代の華やぎに後ろ髪を引かれ、さりとて技術革新もできず、燃費や品質の悪い「消費財」を作り続けてきたからだ。

彼らは79年のオイルショックを受け、小型車に振ったものの、その時から技術的に日本とは開きがあった。当時、私はGMの小型車を米国まで調査に出掛けたが、性能、品質とも、まったく心配に及ぶものではなかった。

結局彼らは、自らの道を引くことができず、今に至ってしまったのだ。その結果、自動車産業の頂点に君臨し続けてきたGMでさえ消える運命にあり、自動車大国アメリカからクルマが消える日が、いつかくる。

2-5 カルロス・ゴーンの功罪

そのGMと日産ルノー陣営との提携話が浮上した。日・仏・米といった、まったく違う文化を持ったところが一緒になって、トヨタに負けないコスト競争力を付けようというのである。自社の文化を捨てても、コストを重視しようと考えている。これでは、ますます「消費財」を作ることに拍車がかかるわけだ。それは自ら墓穴《ぼけつ》を掘ることを意味しているように思えてならない。

私見だが、最近の日産車にどうも魅力を感じないのは、自らの文化を捨てたからである。かつては「技術の日産」と言われ、頑固なほどシャシーとエンジンにこだわってきた。それが急にデザイン重視となり、リビングルームのソファや木目の話をしても、ユーザーが付いていけるわけがない。要は「作り手の心」が見えなくなったのだ。

カルロス・ゴーンは99年に着任して以来、系列を解体し、資産を売却し、村山工場を閉鎖し、調達コストを下げ、日産を建て直した。しかしそこには心がなかったように、我々クルマ好きの眼には映る。シンボルマークから車名、作り手の心までをも変えてしまったように見えるからだ。

こういった采配を振ると、これまで日産のために頑張ってきた優秀な技術屋は嫌気がさし、力を発揮しなくなる。ゴーン社長がルノーと兼任となった05年以降も、心なくクルマを知らない上司が幅をきかせているという声を耳にする。

日産の社員はゴーン社長が就任した時点で4・7万人おり、協力会社などの周辺を含めると、今でも100万人の規模である。また、多くの保有顧客も持っている。その彼らはナニと心を通じ合わせようとしているのだろうか。

社員は会社から給料をもらうから働くのではない。企業と価値観が共有できるから頑張るのだ。お客も同様で、今や野菜でも作り手の良心が評価される時代だから、高価なクルマからは、営業マンや作り手の心を感じたいのである。

以前、マツダのブランドシンボルを変える時に、経営会議の末席から次のような質問をした。「シンボルマークは、社員3万人の心の糧《かて》であり、お客にとっては憧れの対象にもなるのです。このマークはそういった企業の心を表現するわけですから、マークの論議の前に、マツダの核となる部分の話をお聞かせいただきたい」

すると、会議室にはしばらく空白の時間が流れ、静まりかえった。この空白に耐えかねた司会者が、別会議でこの議題を進めることを提案した。

こういった面では、日産とマツダは近いように感じる。収益を改善するのは企業の心がなくてもできるが、クルマは心がないと作れない。それがクルマに現われている。

それも当然で、長い間みんなに愛されてきた車名を平気で変えるということは、自分自身のアイデンティティを捨てたということだから、クルマに「心」が入らないのは自明の理だ。

日産は地道に販売台数を伸ばすトヨタやホンダと異なり、国内はもとより、世界販売の低迷が続いている。厳しいコスト削減を強いられた部品メーカーや販売会社からは、「足元の生産、販売の回復を優先してほしい」という声があがっていると聞く。

日産は技術開発ですら、「技術の日産」であることを忘れ、「ハイブリッドは他社から買えばいい」という判断を下した。環境対策の一番大切な時期に経営危機に陥ったため、手が打てなかったとはいうものの、結果的には「技術の日産」を覆す判断を下したことになる。

開発体制は、ゴーン社長によって、商品部門と開発部門に分けられた。商品部門はお客の声を代弁する部門で、価格を含めてこと細かな注文を出す。それを受けて開発するわけだ。これが作り手の魂が見えなくなった最大の理由であるように思う。しかし、同じ体制を持つルノーには作り手の心意気が感じられるのだから、これは仕事を廻す人の問題で、良心なくして作っているのかもしれない。

そもそも、眼を細くして遠くを見ることのできない経営者は、短期的な収益に眼が眩みやすい。それをまともに受けてコストを低減させると、当然まともなクルマにならない。そんな雑音を発する経営者にも問題はあるが、それを無視してでも自分の信念を貫き通すことができる人物こそ、真に優れたプロジェクトリーダーといえる。

日産は古くからの伝統を捨て、すべてをリセットしたが、我々はそんなものを望んでいるのではない。経営だって、ルノーからの資金援助がなくても再建できたのではなかろうか。いや、たとえ援助を必要としても、車名や作り手の心までをも変える必然性はなかったと思う。飛ぶ鳥を落とすほどのカルロス・ゴーンも、効率最優先の改革で日産をダメにしたかと危惧する。

しかしこれらすべてが、ゴーン社長ひとりの判断ではなかっただろう。そこには、日産の長い歴史や文化を捨てることに躊躇しなかった、日本人経営者が多くおられたはずだ。おもしろいもので、新たな人がトップに立つと、今までの評価がリセットされるから、急に頑張る人が出たり、英語が得意な人がベタベタ付いて廻り、これまでの状況が一変する。つまり、社内の風土が変わってしまうのだ。日産がそうであったかはわからないが、クルマがそれを物語っている。

こういった金魚のフンみたいな輩《やから》はどこにでもいるのだから、そんなことに惑わされず、日産の魂を持った人がここで奮起してほしい。74年もの歴史を誇り、クルマ作りの真髄を知っている日産には、ぜひ日産らしさを出して、世界に誇れる名車を作ってほしい。「魂のあるクルマ作り」を復活させてほしいのだ。今さらルノーとの提携解消は無理としても、「技術屋の心」をぜひ見せていただきたい。

2-6　「カイゼン」や品質だけでは先がない

話を変え、中国に眼を転じよう。中国の自動車販売台数（05年）は592万台で、ドイツ、日本を抜き、アメリカに次ぐ世界第2位になった。それでも125人に1台の割合だから、もしこの国で世界平均の8人に1台になったとすると途方もない数になる。中国の自動車メーカー数は120社もあり、生き残りを賭けているというが、世界平均まで増えるとなると、これでも足りない計算だ。

中国は「消費財的クルマ」で賄えるが、成熟社会となるとクルマに求められる価値は、まったく異なる。ここが生死の分かれ目になることを、経営者はおわかりなのであろうか。

クルマは、前述のとおり、1800年代の終わりから1900年初頭にかけて、フランス、ドイツ、イタリア、イギリス、アメリカでほぼ同時に誕生し、日本でも1904年に作られている。クルマ産業はその国の総合技術力で決まるため、日本は出遅れたが、例の「カイゼン（改善）」が力を発揮した。製品と生産の両面で頑張り、世界一の品質と生産台数を誇るようになった。その結果、日本はクルマの輸入国から輸出大国へと変わった。

実は、戦後の日本が輸出によって経済成長を遂げた裏には、白洲次郎の功績があった。世界の動きを知り尽くしていた彼は、通商産業省を設立し、輸出に力を入れる。当初は安い小型車であったが、80年代になると高付加価値のクルマを輸出することをも提案していた。

日本車の品質が世界一を誇るのは、「カイゼン」をたゆまず行なってきたからで、その手を休めると、世界の名車を作ってきた英国でさえ消えてしまうという、恐るべき結末が用意されている。少し補足すると、第二次大戦後のイギリスは、MGやヒーレーなどのLWSを米国に輸出することで大成功を収め、外貨を稼いだ。ところがベトナム戦争が勃発すると、米国の若者は戦争に駆り出され、華やいだ気持ちでスポーツカーに乗ることがなくなり、この期を境に輸出が一気に低迷した。

また英国は、大戦の戦勝国であったがために古い設備がそのまま残り、効率の悪い設備を直しながら使っていた。そのため、日本やドイツの敗戦国のように、新しい設備を導入し、日々、商品のカイゼンをしてきた国とは勝負にならなかったのだ。これが英国からクルマが消えた理由である。

同様に、欧州には数え切れぬほどのメーカーがあったが、それもことごとく消え、指で数えるほどになった。残ったところは、「らしさ」という個性を持ったところだけである。技術があれば勝ち残ると考えがちだが、技術は「らしさ」を補完する道具でしかない。

では日本はというと、繊維の生産はすでに終わりを迎え、その拠点はアジアに逃げた。そして家電も韓国、中国に取って替わりつつある。「商品循環論」は止まることを知らず、地球上をグルグル廻り続けるのだから、次の世代では日本からクルマも消えるかもしれない。

日本車はたゆまぬ「カイゼン」によって世界一の品質を確保したが、それだけでは次がない。「商品循環論」は消費財に平等に起こる現象だから、そうならないようにするには個性的な魅力を備えなければならない。要は、消費財でないクルマを作らなければならないということだ。

もうひとつ考えなければならないのは、クルマがすでに必需品でもなければ、ステイタスシンボルでもないということである。そのため、国内マーケットは少子化にともない、今後、大きくシュリンクするだろう。

大都市ではクルマより電車のほうがはるかに効率的で便利である。一般家庭などでは、月に数回使うか使わないかで、さりとてステイタスでもない。そんなクルマに高い税金や車庫代を払うくらいなら、タクシーでドライブに行くことだってできる。

要は、交通の便の悪い地方以外では、クルマはほとんど必要ないということである。それは統計的にも現われていて、軽自動車が伸びてはいるものの、普通車の登録は、この10年間をみても前年割れを続けている。今後はますますこの現象に拍車がかかるということだ。つまり、自動車業界は国内マーケットの低迷と「商品循環論」のダブルパンチを喰うことになるのだ。

2-7 日本技術の空洞化

そういった風が吹き荒れているなか、肝心な日本で空洞化が起きはじめた。手に油してきたベテランが抜けてしまったのだ。

自動車メーカーの開発部門には、数千から一万人ぐらいの技術屋がいる。しかしそのなかで、エンジンやサスペンションを総合的に判断できる人は極少数である。例えばエンジンの設計者であれば、目標性能からボア×ストロークを出し、バルブ機構や燃焼室の形状、クランク剛性などを考え、後はコンピューターが解析し、エンジンを作る。シャシーも同様で、ホイールプリントを決め、対地キャンバーは、ロール軸は、と理論的に頭のなかで展開し、部品設計に降りていく。

ところが現在、総合的に捉えて仕事ができる「目利き」の設計者は、自動車業界広しといえども非常に少ない。個々の部品は設計できても全体がわからない。そればかりか、設計の大半は派遣社員と部品メーカーに任せているのが現状だ。

それはそうだ。エンジン実験部の仕事を見ると、エンジンをベンチに載せる人、ベンチを回してデータを取る人、そのデータを見て判断する人、最後にエンジンを分解する人、このすべての担当者が違うのだ。総合判断能力が必要とされてないのだから「目利き」が育たないのはしごく当然である。エンジンのエの字も知らない上役が、分業化したほうが効率的だとバカな判断をした結果がこれだ。

実際のところ、エンジンというのは生き物だから、音を聞いたり、燃焼室の色を見たり、ピストンの当たりを見ないと、どんな具合なのかがわからない。この積み重ねでいいエンジンができる。ましてや、ひとりでできる仕事を、何人もでやって効率がいいわけがない。上司が素人だと組織全体が素人になる。

友人のボディ設計を担当していた男は、設計した図面を家に持ち帰り、古ハガキを図面どおりに切り取って模型を作り、構造的な抜け落ちをチェックし、ねじったり曲げたりしてボディ剛性を確認していた。これは昔の話で、今は彼もコンピューターで解析を行なっているが、このような努力とがあって、押しも押されもせぬ「目利き」になった。

ところが、こういった目利きの技術屋が、定年を迎えてリタイアしたり、定年を迎えなくても、彼らの自負心と評価のギャップから会社を辞めていく。その数は少なくない。優秀な研究者が日本では評価されず、海外で活躍していると聞くが、身近な技術屋も同様である。

そのベテランが、韓国や中国の企業で、長い間培ったノウハウを懇切丁寧に教えている。現地の技術屋は日本語を勉強し、乾いた海綿のように話を吸収する。いっぽう、教える側は上げ膳据え膳だから、日本で窓際だったのとは大違いの扱いを受ける。町工場の鋳型職人や精密機械のベテランまでもが、日本では飯が喰えないからといって韓国、中国で技能を伝授しているのは有名な話だ。

07年問題で取り沙汰されているように、団塊の世代は来年から定年を迎えはじめるから、高かったはずの日本の技術にぽっかり穴が開き、ノウハウは韓国、中国に流れていく。

アジアが日本に学ぶのは当然で、それは我々先進国の宿命である。ところが日本企業は、前述のように人件費の安い派遣社員と協力メーカーに依存し、技術が蓄積されていない。クルマにしてもそうだ。日本車はベテランがいない状況で作られるわけで、ここから先は、ますます「リアリティのない表層的なクルマ」になってしまう。これでは、肌で感じた人が作ったクルマと大きな差が現われても不思議ではなく、いっそう欧州との間に開きが生じる。


経営のトップの方々は、ぽっかり穴が開いたこの状況をどのようにお考えであろうか。イヤ、目利きの技術屋の力でいいクルマができること自体を理解しておられないから、現状のような問題が起きるのだろう。

企業のトップの方々は、目を覚まし、現状を認識してほしい。我々はアジア各国の目標であるのだから、他国が真似できない創造的なモノ、あるいは文化的背景に裏打ちされたモノを創らねばならないのだ。

2-8　ゆでガエルになるな

日本が次のステップに脱皮できないでいるのは、決められた枠のなかでしか動けないという官僚的な慣わしも、ひとつの要因である。子供の時から一定の枠内にいるのが心地よく感じるため、知らぬうちに枠を作り、そのなかで群れてしまう。そのぬるま湯は気づかぬうちに温度が上がり、ゆでガエルになっていないだろうか。

この見えない枠のひとつが標準化やＩＳＯだ。我々はこんなものはとっくに卒業しているはずである。ところが大昔にデミング博士が導入した統計的品質管理手法を持ち出し、さらにはＩＳＯを展開し、それに膨大なエネルギーを費やしている。これらは社員を内向きにさせ、内部論議にエネルギーを消耗させるだけである。その結果として、創造的な活動を不可能にしている。

そして、決められたことしかできない人間に育つと、「最近の若者は元気がなく、自分の意見もいえない人が増えた」と、社内に活性化プロジェクトたるものが起きる。

アサヒビールの西野伊史常務は「例のスーパードライの大ヒットで、社内はこれをしっかり作ることを最優先し、膨大なマニュアルを作成した。ところがこのマニュアルが原因で社内にある種の硬直化が起き、指示待ち人間が増えた。そこで、今は自立して仕事のできる人材を育成している」と言う。

実際には、常務が心配されているのとはだいぶ違うようで、社内はかなり活性があるようだ。ときどきアサヒビールの方々と、ビール談義に花を咲かせることがある。すると、「ウチはビールのラベルを剥がして、銘柄当ての試飲会をするんですよ。そこでは役員も社員も関係なく、いかに味がわかるかが勝負なんです。だから上下関係もふだんのうんちくも通用せず、平社会になってワイワイやっています」と言う。

自動車メーカーとは違うのだ。役員以上の方々はまずステアリングを握らない。ましてやクルマからマークを外したら、どこのクルマかわからないという人が大半である。欧米の自動車メーカーとの差もここにある。

また、「アサヒは田舎会社ですから、勉強しなくてはいけないのです。幹部社員のほぼ全員が、欧州の小さなビール会社などに行って、1年ぐらい修業するんですよ」という。幹部社員全員が、肌でビール作りを感じているのだ

常務は硬直化を心配しているが、実は社内の空気をいち早く掴んで手を打たれておられるから、社内は「謙虚で前向き」な姿勢となったわけで、この姿勢が企業を成功に導いてきたものと思われる。

トヨタを見てみると、世界一の生産台数を誇り、国内シェアが50％近くもありながら、危機意識を持っている。というのは、トヨタ車を好きで買ってくださるお客、いわゆるトヨタ・ファンが少ないということを心配しているのだ。

また、これだけの大組織でありながら、組織が柔軟で管理社会でないのには驚かされた。一例だが、東富士の壮大なテストコースでも、煩わしい手続きは不要で、管制塔とやり取りする無線機も積まず、しかもヘルメットすら被らずにノーチェックでハンドリングコースに入れてしまう。訊いてみると、「１００㎞／ｈ以下だったら一般道路と同じですからヘルメットは必要なく、あとは自分のリスクで走ればいいのです」と言う。

日本は自分のリスクで作業がしにくい。それは、事故が起きたら警察から「管理責任」を厳しく問われるからだ。私がマツダの実研部長の頃は、テストコースも担当分野だったため、管理のあり方が海外のテストコースと違うことに、大きな疑問を持っていた。実研部員がのびのびと仕事ができるように、規制を緩和し、ドライビングスクールを設立し、宿舎も快適になるよう手を打った。ところがトヨタを見ると、管理の仕方がまったく違っていたのだ。

そういった風土だから社員はのびのびと仕事をし、またトヨタの社員であるというプライドを持っているのだろう。

今、我々に必要なのは創造力と自己の責任で完結できる能力である。自らプランを立て、実行し、さらに、その結果を第三者的にチェックする。そういう能力が、今の我々に求められている。それが「個性的なモノを作る原動力」である。いつまでも管理社会が作り出す指示待ちの「ぬるま湯」に浸かっている場合ではないのだ。

第三章

モノ作りの要諦

3-1　いいクルマを作る三大条件

1．作り手の意思が見えること

本書で掲げているテーマが、まさに「作り手の意思が見える」ということだが、テーマに据える理由は、それがいいクルマを作る最大の条件だからだ。ジャーナリストからも「日本車は作り手の顔が見えない。開発者が何を訴求したいのかわからない」という声を耳にする。そう思うのは当然のことであろう。そこには3つの理由がある。1番目の理由はプロジェクトリーダーの資質の問題である。というと問題発言に聞こえるが、今まで一部分の設計をしていて、ある日突然、「今日から○○プロジェクトの主査をしてほしい」と言われても、そう簡単にできるものではない。主査にはクルマを肌で感じ、物事の考え方、いわゆる哲学が求められるからだ。

2番目は、たとえ哲学があったとしても、開発システムのなかに、作り手の意思を注入しにくいという問題がある。ここも多くの開発者から反論が出るだろうが、原因はふたつある。まず、物事をゼロから考えず、ベンチマーク車を決め、そのクルマに対してコンマ何点勝つかを目標としていることだ。例えば、このクルマのハンドリングが7・75点だから、目標は8・0にしようという。では、10点満点ってどういうクルマですかと問い返すと、答えがない。頭のなかが、常に横並びで判断しようとしている。

加えて、物事の決定が、市場クリニックに委ねられていることだ。コンセプトに始まり、スタイリング、シート生地、さらにはダイナミックの性能までをも、彼らの意見を参考に決めるのが通例である。それを日米欧の3カ所で行なう。この考えが個性のない平均点的なクルマを作り出しているといえよう。クリニックの結果を鵜呑みにすると必ず失敗する。失敗した例はゴマンとある。

3番目は企業文化が稀薄であるということだ。風土や文化は自覚しにくく、それでいて誰もが染まってしまう。そのため、いかに優秀なリーダーやチームであったとしても、商品はその企業が持つ文化や、企業のエネルギーで決まる。チームが意思を明確にして想いを注ぎこんだつもりでも、商品には風土が表われる。

そうはいっても、少しでも売れるクルマを作るため、競合車と比較しながら知恵を出す。その時に出る言葉のひとつに「日本人のもてなしの心」がある。その結果、日本車は至れり尽くせりで、何でもやってくれるお節介なクルマになる。

ポルシェ911も毎年、細かな手が打たれ、年を追うごとに運転しやすく装備も充実してきた。しかし媚《こび》や諂《へつら》いなどの余計なお節介《せっかい》を感じない。それは企業哲学が明確で、ぶれることがないからである。

日本の美である「もてなし」は、モノによるものではなく、心のもてなしであることを知ってほしい。日本の美は余計なものを削ぎ落とした「マイナスの美」であり、最後に残った簡素なものにこそ美しさを感じる文化である。シンプルだからこそ使い手が考え、それぞれの使い方をするわけだ。

メーカーは、企業のトップも開発の当事者も、客に媚びたクルマを作っているとは思っていないはずだが、この3つによって無意識のうちに媚びたクルマを作り出している。モノは作り手の「器」、ひいては企業の「器」に比例する。

2.「野獣的快楽」と「子宮的快楽」があること

人は動物だから、どんなに生活が便利になっても、原始的な刺激を受けると眠っていた野生が目覚める。都会の生活は「チン」で食事ができ、ナビが道案内をし、すべてが至れり尽くせりだ。野生どころか五感すら鈍りっぱなしだが、時たまいいバイクに乗ると「野獣的快楽」を知る。

そうなのだ。いいバイクには、オン・オフも含めて「野獣的な快楽」が備わっている。特にモトクロスやエンデューロは、乗り手に強靭なバネが求められ、まさに肉食動物が獲物を追うかのごとくである。サスペンション性能が向上したため、ジャンプも半端ではない。周回遅れのライダーの頭上を跳び越し、ゆうに10m以上も飛ぶ。

オンロードも同様で、コーナーの出口では後輪の内側に荷重をかけスロットルを開ける。後輪がわずかに空転を始め、アウトに流れながら最大のトラクションを引き出す。できもしない高等なテクニックだが、この研ぎ澄まされた感覚がタイムを刻む。いいバイクには、「野獣的快楽」に火を点け、身体に潜む野生を引き出す力がある。

いずれにしても、高性能車に相対するには毅然とした態度が必要で、二輪、四輪を問わず、素人に対し「10年早い、出直してこい」と突き放すくらいの凛々しさと野獣性が求められる。これによって憧れが生まれるが、反面、素人は近づけない。だから事故も起きない。

ではクルマの快楽とは何だろうか。かつて一時代を築いた名車を見ると、そこには共通の快楽がある。シトロエンＤＳのようにおおらかに人を包みこむ快楽、フェラーリの華やいだ快楽、また英国車にはクイーンアン様式の家具に通ずる気品と安らぎに満ちた快楽がある。50~60年代のアメリカ車にはダルで大雑把だが、１８００年代にフランスで起きたアンピール様式に通ずる装飾的豪華さがあった。走りっぷりもこの雰囲気と調和し、ゆったりとした穏やかなリズムがある。

その快楽は、バイクとは１８０度逆にある。社会から、あるいは自然から閉ざされた空間に身を置き、ガラス越しに変化する外界を見る快楽である。ということは、いいクルマには人を包み込む「子宮的快楽」があるということだ。

特に英国車には、実質的で、しかも気品に満ちたやすらぎがある。裕福だが、つつましやかな寛ぎの空間が英国車の贅沢である。

確かに、イギリスの人の家に伺うと、こぢんまりとし、小割のガラス窓からは葉こぼれの穏やかな日差しが差しこんでいる。室内は暖かく豊かさを感じるように、木と革を巧みに使った独特の和みがある。それは天候がそうさせているようで、特に冬は暗く寒い灰色の世界が続くため、このようなインテリアになったという。

彼らが「セダン」を「サルーン」と呼ぶのは、「サルーン」が人間的な温もりのある客船の高級客室を意味しているからだ。彼らはこの豊かなインテリアを、そのままクルマのシャシーに載せようと考えた。これが英国人の持つクルマ観である。ドイツ車も日本車も、高級車には木目と革を使うが、それによって醸し出される空気は別もので、英国車には敵わない。

英車と仏車にはある種の共通点があり、一方で日本車と独車にも別の共通点がある。前者には「枯れた腹八分の世界」、後者には「技術力の誇示」がある。ドイツも日本も敗戦国で、戦後の復興を技術によって一気に進めてきた。焼け野原からの生活には、心の余裕がなかったのだ。それが今もクルマに現われている。

いっぽう、フランスやイギリスに行って感じるのは、新しいことを追い求める半面、何の変哲もない穏やかな暮らしを繰り返していることだ。彼らにとっては無意識の行動なのであろうが、その生活の繰り返しが歴史を作り、「子宮的快楽」という文化を創り出しているのかもしれない。「枯れた腹八分の世界」というのは、成熟社会から生まれるもので、売るために意味のない変化を求めたものからでは、決してない。

このような名車に乗ると、仕立てのいい「アパレル」を身にまとった時に感じる心のときめきがある。それだけでなく「音楽的」な要素も備わり、クルマがリズムを奏で心が浮き立つのだ。名車とは、このふたつの要素が上手く調和しているクルマのことをいう。言い換えると、「子宮的快楽」には「アパレル」と「音楽的」な要素があるということである。

では「アパレル的要素」について話をしよう。

人は赤色を着ると元気になる。スポーツウェアに着替え、ランニングシューズを履けば自然にウキウキしてくる。次に仕立ての良いツイードのジャケットに袖を通すと、身のこなし方まで上品になったりする。さらに和服を出し、帯を締めると、気持ちが引き締まり背筋が伸びる。

クルマも同様で、乗るクルマによって運転が上品になったり、背筋が伸びたり、あるいは荒くなったりする。例えば、60年代のローバー2000TCは、非力で走らないクルマだったが、インテリアの設《しつら》えはジャガーとは違い、控えめで質素、そして気品に満ちていた。

雑踏のなかでパワーウィンドーを閉めると、その瞬間に室内が静寂になり「いいなー」と感じる。物理的な音圧では日本車のほうが静かなはずだが、この佇まいと厚いガラスの滑らかな動き、そして雑踏がスーッと消える瞬間に贅沢な気持ちに浸れる。これが「スモール・ロールス」と呼ばれる所以であろう。名車にはアパレルのように人の気持ちを変える力がある。

続けて「音楽的なリズム」について話をしよう。

たまにアメリカ車に乗ると、大雑把で屈託のないダルなリズムがいいなと思う。放っておいても、いやたとえボディが腐っていても、いつも同じように走ってくれる。このスローでダルな感覚が今の時代にあっている。

フェラーリは説明するまでもなく、あのフェラーリ・サウンドだけで、人を一瞬にして官能の世界に引きずりこみ、陶酔させてしまう。いっぽう、メルセデスのSクラスは、同じV8エンジンでもまったく違い、タイアはしっかり路面を捉え、まるで力士が腰を据えたようにびくともしない。そのどっしり落ち着き払ったさまには、人を安心させるリズムがあり、何があっても心配ないと思ってしまう。

ではBMWはというと、ワルツのようなテンポに調教され、これがまた気持ちがいい。シルキースムーズと呼ばれるストレート・シックスのビートといい、荷重移動させやすいサスペンションといい、ドライバーのスポーツ心を掻き立ててくれる。BMWのステアリングはスローで、サスペンションもしなやかだが、人はこの気持ちの良いリズムをスポーティに感じる。

シトロエンは、あんなに軽い2CVからハイドロニューマティック・サスペンションのDSまで、間延びしたテンポが気持ちよく、これに嵌まると抜けられない人が多い。そのため

PSAグループになった今も、のんびりリズムを大切にしている。

初代のユーノス・ロードスターは私自身が手掛けたもので、ステアリングを切ってヨーが発生するリズムも、路面からシートを伝わって入るリズムも、加速時にスロットルを開けてシフトアップするリズムも、エンジンのレスポンスも、その時の抜けたような排気音も、すべてが軽快でアップテンポなリズムになるよう調教した。

するとおもしろいもので、少しぐらい音が大きかろうが、エンジンパワーがなかろうが、このリズムを気持ち良く感じる。ランニングシューズを履いたかのように、身体が軽くなりウキウキする。小春日和には最高で、オープンにすると思わず声を出したくなるほどだ。

スポーティとは、人を心地よくさせることで、性能や物理量の高さではなく、「音楽的なリズム」と「アパレル的な要素」を巧く調和させた結果である。そこに人間的な温もりを感じる。心地よいフィールは、50年前も、いや今後50年経っても変わることはない。

このように、名車と呼ばれるクルマには気持ちの良いリズムと、アパレル的な要素が備わっている。これが名車の条件で、無機質な「白モノ家電」との違いである。

3. 理にかなった文法があること

クルマの文法については「3－6　デザインは『行動原理』の上にある」でも触れているので、ここでは簡単にご紹介しよう。

スポーツカーにはスポーツカーの、リムジンにはリムジンの、四駆には四駆の文法がある。それ以外にも革の使い方や木目の使い方、さらにはカラーリングにも長い歴史のなかで育まれた文法がある。そういったことを作り手の方々はご存知であろうか。新しい提案はいつの時代も必要だが、それは文法を知った上でのことだ。文法とは作り手と使い手の間で長年培われ、茶の湯の世界と同様な流儀である。

以前、デザイン界の巨匠であるマルチェロ・ガンディーニ氏にお会いした時に、彼は「古い石を知らなければ新しい石を積んでも崩れてしまう」と言われた。

おさらいすると次のようなことだ。「クルマは石垣を積むのと同じで、古い石の置き方を知らずに新しい石を積んでも、崩れてしまいます。今は過去の上にあり、歴史や文化の上にあるのです。若いデザイナーは、先人たちの積んだ石を勉強するべきです。また、日本人は周りの眼を気にしすぎています。上司のこと、マーケットの動向、自分が人にどう見られているかに神経を遣い、それがデザインに表われています。まずは自分の生き方、生活観をしっかり持つことです」

この「古い石」とはクルマの歴史のことだが、では歴史を勉強すればいいのかというとそうではない。じっくり歴代の名車を見ると、そこに「文法」があることに気づく。それが大切なのだ。

モノは頭ではなく、肌で知ることが肝心である。肌で知るということは、身銭を切るということだ。そう言うと、多くの開発者はサラリーマンでは無理だと言う。それは自分のなかでの優先順位が低いというだけのことで、三度の飯よりランクを上げれば何でもできる。まずはポンコツでいいから、いいクルマをじっくり見てほしい。

3-2　作り手に求められる三大資質

では続けて、作り手に求められる資質について考えてみよう。そこにも次の3つがある。

1. 涙もろいこと。
2. 工作が好きなこと。
3. 何よりもクルマが好きなこと。

では「涙もろい」から順番に説明しよう。

映画を見て、男のくせに涙するのは格好悪いと思いがちだが、感動して涙の出ないほうが問題だと思う。涙もろいということは、感受性が高く人の気持ちがわかるということだ。感受性があるから人間らしいのであって、感じない人は動物以下だ。

感動するということは大切なことで、いかに大きな感動をたくさんするかによって、その人の「器」は育まれる。言い換えると「器は感動の量に比例する」といえる。感動の原点は恋愛と喧嘩だから、どれだけ多くの恋愛と喧嘩をするかによって、器の大きさは決まる。そういうとあまりにも短絡的だが、器は愛することの喜びと、悔し涙の回数に比例すると主張したい。

次は「工作が好きなこと」だ。

小学校の時から主要五教科のできる子は頭が良いとされている。体育や音楽、図画工作ができても、誰も優秀だとは言ってくれない。神は平等に能力を分け与えているはずだが、なぜか線が引かれている。人の情緒的な営みは、音楽であり、図画工作であり、体育である。人がモノを作らなくなったらどうなるのだろうか。「工作」が好きな子は、自然に手のヒラでモノの善し悪しがわかるようになるというのに。

元来、人はモノを作る動物で、モノを作りそれが壊れれば直すのは当たり前だった。自転車がギチギチ鳴けば油を注し、ブレーキを調整する。椅子がガタつけば釘を打つ。こうして手のヒラは、何が良いモノかを判断する力を備えた。

ところが情報化社会では、掌の感触より良い情報で組み立てられたモノに価値を感じ、モノをイメージで判断するようになった。そして、情報発信力の強いブランドに流れた。メーカーはいかにブランド・イメージを高めるかにしのぎを削り、モノのよさは、手のヒラから情報上の良いモノへと変わってしまった。

私が常日頃、「本など読むな！」という暴言を吐いているのは、モノの良さは頭ではなく手のヒラで知ってほしいからである。学校で学んだこと、本やテレビで知ったこと、それらをすべて忘れてほしい。そして、自分の手に油して覚えたことだけを大切にし、その積み重ねのなかで、モノ作りに励んでほしい。浅はかな知識は、知っているつもりなだけで、何の役にも立たない。

ところが寂しいことに、クルマやバイクの世界でも、プロといえる人にはめったにお目にかかれない。

あるクラシックカークラブのミーティングで、何人かがクルマ談義に花を咲かせていた。「クルマを預けてもう6カ月になるけど、リフトに上がったままだよ。その間に車検が切れちゃってさ……」隣の方は、「この前、修理に出したら150万円もかかっちゃって、かれこれ700万円も注ぎこんでいるんだけれども、いまだに調子が出なくって……」。彼らは自分のクルマがどれほど稀少価値であるかということを、嬉しそうに話している。

黙っていれば良いものを、ついつい我慢できずにつっこんでしまった。73年のフルヴィアって、向こうでは普通のファミリーカーだろう！　何でそんなに金を注ぎこんでいるの！「いや、ショップのオヤジはいい人で、一所懸命やってくれているんですよ」と、肩を持つように言う。

「でもね、その店は素人だよ。何カ月間もリフトに上げたままっていうのは、部品のネットワークを持っていない証拠だし、しかも700万円もかけて調子が出ないのは、エンジンの基本がわかっていないからだよ。そのショップには、いくら注ぎこんでも良くならないね」と、得意げな彼らに水を注してしまった。言いすぎたと思ったが、それでも彼らは喜んでいるのだから、なんだか理解できなかった。

ウチの兄貴ですら、ジャガーのマークⅡにかれこれ８００万円も注ぎこんでいる。それでいて、常にプラグが燻ぶってスムーズに走らない。そのたびに行きつけの修理屋で、プラグを交換し、キャブを絞るのだが、翌日にはまた被ってしまう。そんなことをずーっと繰り返していた。

ある時、運転してみると、点火時期が遅れているように感じた。タイミングをみたら、なんと上死点後に火を打っている。これでは走らずプラグが燻ぶるのは当たり前だ。古いクルマは点火時期が狂いやすいので、いの一番にチェックするのが常識である。なのに、それができていない。

ＭＧ‐Ａの時も同様で、エンジンが一向に良くならない。じゃあということでチェックしてみると、遠心進角も真空進角も作動していなかった。要はアイドルの点火時期で走っていたのだ。クラシックカー修理の専門店という看板を掲げているのに、この有様だ。

そういえば英国のジャガークラブは、入会すると、ミシュランのレストラン評価のような修理工場のリストを送ってくる。例えば、「この店はオルタネーターの修理が得意で、レベルは三つ星である」という具合だ。こういうところを利用すると、確実でしかも安く修理ができる。

レースをサポートしているショップでさえも同様である。「このマシーンはカリカリチューンだから、セッティングが出にくいんですよ。そこはわかって乗っていただかないと」と言う。オーナーは予選を前にして、「全開よりスロットルを少し閉めたほうが調子いいですけど、ではこれで行ってきます」。

別に聞くつもりがなくても、同じピットで準備をしているのだから耳に入るわけで、なにげなく見ると、インレットポートより大きな口径のキャブが付いている。それが外観からわかるほどだから、燃料が出るわけがない。レース用のエンジンをチューンしているショップでさえこのレベルだ。でも客は黙って金を払う。

お客もお客で、人を頼りにせず、まずは自分でやってみてほしい。もともと趣味で始めたのだから、美味しいところを人にやらせたらもったいないと思わなくては。まずは手に油して、自問自答し、壁にぶち当って初めて本を開く。自分で体験していないものは、知っていても、知っているつもりでしかない。この手に油の繰り返しによって、感動するモノが作れるのだ。

こういった話になると、ついつい力が入り、これだけで本が終わってしまいそうだ。話を本題に戻すが、「作る人の三大資質」の3番目は「クルマが好きなこと」である。

自動車メーカーの社員は、誰もがクルマが好きであろうとお考えもしれないが、残念ながら、そういった人はごく一部である。もっとも、メーカーに勤めるクルマ好きは、24時間365日、文字どおりクルマのことしか考えていないわけで、しかも仕事が楽しい。会社にいる8時間だけしか考えない人間とは、明確な差が生まれる。

私の部下に、サスペンションのチューンをさせたらピカイチの男がいた。彼は子供の時からクルマが好きで、長い間自費でレースをやってきた。地味で目立たない男だが、24時間365日クルマ漬けの生活をしているため、自然に研ぎ澄まされた感覚を身に付けていた。

例えば、試作車のステアリングを握った瞬間に、どこに問題があるかがわかってしまう。すると、おもむろにラテラルリンクのブッシュに釘を打ちこむ。要はブッシュの横剛性を高めて、タイアの変位を押さえたのだ。そして、立花さん、いかがでしょうかとくる。

後日、ブッシュの剛性を測定して、同様の試作品を作るのだが、こういった男がチューンすると、クルマは活き活きする。また彼は、「格好いい」とは何かという基準も身に付いていて、デザインについても聞かれれば静かに自分の意見を述べる。それがまた的を射ている。ところが大組織のなかでは、彼のような存在は往々にして無視されがちだ。

世間は自動車メーカーの社員というだけでクルマ好きと決めつけているようで、以前こんな体験をした。海外テストの途中にオーストリアのメインディーラーに寄った時のことだ。

話が一段落すると、社長が裏のガレージに我々を案内して、自分でレストアしたアルファのＧＴＡを、得意そうに見せてくれた。

ＧＴＡの外板はペラペラなアルミ板だから、レストアには時間がかかったようで、苦労話を始めた。この苦労話がおもしろいのだが、我々のメンバーはこのクルマの名前さえわからない。それどころかクルマに興味がないから、私以外は近くの土産物屋のほうに足が向いてしまうのだ。

しかし、この程度の話はどこのメーカーも似たり寄ったりである。だから、人を感動させるクルマは作れない。


人を感動させるモノは、作り手が実体験を伴っていないと作れないのだ。

以前、オフロード用の自転車を買おうと思って、専門店を廻っているうちに、だんだん眼が肥えてきて、最初は数万円のつもりが30万円も出さざるをえなくなってしまった。それでも妥協に妥協を重ね、ＧＴラッカスという銘柄にしたが、妥協をしなかったら１００万円を超えてしまう。その時に次のようなことを思った。

自転車は世界中どこでも作っているが、オフ用となるとアメリカ製には敵わない。それは現役でレースをしている人が、自分用にフレームを作り、それを市販しているからだ。ご存知のようにアメリカは、オフの遊びが盛んで競技も頻繁にある。これでは、大メーカーの設計者が机の上で作ったものと、比べものにならないのは当然である。

実は長男がデザインした車椅子の時もそうだった。息子は車椅子生活をしているお祖母ちゃん用にと、狭い室内でも使い勝手が良く、なかなかお洒落なものを作った。市販のモノは無機質な格好をし、老後の楽しみとは無縁のカタチをしているから、デザイナーとして我慢できなかったのだろう。その車椅子は曲線を多用し、グリーンに塗られたパイプと小径タイアを組み合わせ、なかなか格好よかった。

ところが展示会に出したところ、これよりも輝いたものがあった。合理的な設計と斬新なデザインで、見るものを唸らせた。それはデザイナー自身が車椅子生活者だったのだ。いくらお祖母ちゃんのためにと思っても、実体験を伴った人には敵わない。

何ごともそういうもので、頭で理解していてもモノは作れない。モノ作りに必要な資質を整理すると、まずは涙もろく、工作が好きで、実体験を伴ったクルマ好きであるという単純な話である。この単純な3つに秀でた人の感覚が、もっとも正しいのである。また、本人もクルマを作ることが楽しいのだから脳は活性化し、次々に知恵を出す。

しかし、これではタダのクルマ好きな男にすぎない。この生じた感覚を個人の趣味ではなく、組織のなかでもっともらしく展開するのだ。右脳で感じたことを、左脳で大局的な見地から整理し、それをもう一度右脳に戻して、人が感じるように心で話す。これができるとプロジェクトが、いや会社までもが廻りだす。好きなことをして仕事が巧く廻るのだから、本人にもプラスのスパイラルが起き、すべてが楽しくなる。

この3つに秀でた人が「クルマは人に対してどうあるべきか……」という自問自答を繰り返すことによって、自分なりの考え方、哲学を持つようになる。これが「目利き」となるのに必要な条件となるわけだ。

ところが問題は、こういったクルマ作りに没頭する技術屋が、企業では育ちにくいことである。新入社員も先輩たちの仕事の仕方を見て、出世するすべを知り、手に油してもメリットがないと思っている。誰もが出世したいと思っているわけだから、人事制度を見直さないと、いいクルマは生まれない。

そういった「目利き」がいないため、主査は各部の行なった結果を、ホッチキス的に束ねてしまう。だから味も素っ気もないクルマになる。

スーパーバイクの世界でもその差は明確で、いかに高性能でも「ホッチキス・バイク」はタイムすら出ない。例えばドゥカティの999は、国産のバイクに比べて30psも少なく、目方も重いが、サーキットではこちらに分がある場合がある。オフロードマシーンではさらに顕著で、VORなんていう奴は、ハイパワーな日本車勢より遥かに速いのだ。

確かにエンジンやサスペンションといった個々の性能では、日本車勢のほうが優れているが、彼らのマシーンは全体のバランスが良いため、ライダーはマシーンの性能をフルに発揮させることができる。それは、この世界に精通した「目利き」が、全体を仕切っているからだ。

3-3 「目利き」であること

ところで、「2対8（ニッパチ）の法則」をご存知だろうか。8割のレベルまでは2割の力でできるが、残りの2割を高めるには8割の力が必要だということである。クルマの開発は、まさに最後の詰めにエネルギーをかけるか否かによって決まる。

今やコンピューター解析が進み、試作の1号車ですら80％くらいの完成度で作られ、そのまま市販できそうなレベルにある。ところが実際は、最後の80％から先をいかにして持ち上げるかが、活き活きしたクルマになるかの決め手となる。この持ち上げる力は「技術屋の魂とセンス」である。

私が初めて担当した初代ＦＦファミリア（１９８０年）の頃は、多くの試作車を作ってはテストにテストを重ね、行ったり来たりを繰り返し、丸4年間もかかった。不具合箇所をひとつひとつ探しては潰していたのだ。

今は試作の1号車ですら、当時の生産車より数段高い完成度にある。それは解析が進み、テストをほとんど不要にしているからだ。しかしそこから先は、あるべき姿がわかった「目利き」の力量にかかっている。ところが、この目利きのいる自動車メーカーはあまり多くない。そういえるのも、発表される新型車に乗れば一目瞭然であるからだ。

目利きといってもそれぞれのジャンルがあり、そのひとつが「デザイン」の目利きである。デザイナーはトレンドや全体のバランス、そして面の合い添いに気を遣い、完成度を高めようとする。ところが目利きは、それとは違うデザインの基本を見抜かなければならない。基本とは中身の構造や濃さをいかに表現させるかである。前述の行動原理の要素もそのひとつであり、それがないとクルマは短命に終わってしまう。

次は「設計領域」の目利きである。エンジンであれば、あるべき姿がわかったプロが描かないと、活き活きしたエンジンにならないのは前述のとおりで、シャシーもパッケージングも同様である。

3番目は「ダイナミック領域」の目利きである。いわゆるハンドリングやステアリング性能、乗り心地やNVH（静粛性）、そして動力性能に関するところだ。尻のセンサーが発達していて微妙なGや振動を感知し、熟成できる目利きである。性能や物理量の高さではなく、人を心地よくさせる性能を作り出す人だ。

そして最後の目利きは、クルマそのものを「総合的に判断」できる人間だ。ダイナミック性能も、デザインも、さらには時代の空気をも肌で感じ、商品の位置づけができる男である。本来、主査や開発本部長がその役割を担わなければならない。

この目利きに必要な資質は、芸術や文学、歴史、哲学などの、何の役にも立たない教養である。この役に立たない教養こそが、「情緒」であり、論理以前の人を司る総合力である。その「情緒」をもとに大局的な判断をする。

しかし実情は、情緒や目利きなどを必要とせず、直接お客に訊こうというアメリカ式が主流になっている。だから、どこのクルマも同じになる。

だいたいアメリカでたくさん売るから、彼らの意見を聞こうというところに誤りがある。彼らのモノに対する感受性の低さや、センスのなさを見ればおわかりだろう。自慢の肉料理だって、値段は味ではなく、大きさではないか。繊細な日本人の感覚などは、とうてい理解できないのだ。


やや話が脱線するが、すべてが論理的であるはずの数学でさえ、携わる人の「情緒」によってまったく違う答えになる。そう主張するのは世界的な数学者の藤原正彦氏だ。講演で彼は次のように語った。「数学者に必要なことは、頭の良さより人の性格であり器であり、それらの基となる情緒なのです。論理的に正しいことは誰にでも言えるが、正しい論理がいくつもあるなかでどれを選ぶかは、その人の情緒のため、人間的な器が問われるのです」

数学でもこうだから、モノ作りではまさに作り手の「情緒」が問われるわけだ。

ところが情緒的判断でなく、素人の意見を聞いて、プレミアム路線を打ち出そうとする。これではプレミアムどころか、「商品循環論」のなかで消えゆく運命だ。


日本が名実ともに世界のリーダーになるには、個性的な魅力と熟成度の高さしか道はないと思う。それは情緒的判断ができる「目利き」によってしか達成しえない。たとえ中国や韓国が技術的に追いついたとしても、個性や感性の領域には近づけないからだ。

3-4 家も店舗もクルマも人の心理が鍵

私は店舗デザインも仕事のひとつとしている。店舗はお客をどのような気持ちにさせるかが要《かなめ》で、クルマのプランと似たところがある。しかも結果は一目瞭然だ。だからおもしろい。成功させるには、人がレストランに行くときの気持ちを代弁するデザインにすればいい。そこには3つの場面がある。

ひとつ目は、お洒落したいいオンナと、ハレの空気を感じたいときだ。つまり人からの視線を受け、ちょっとイイ男ぶりたい「ハレの舞台」である。2番目は逆に人の視線を避け、「シケこみ」たい時である。心が通じ合っている、いや通じ合ってなくても、薄暗く妖艶な空間は雑念を忘れさせ、ふたりの時間を作ってくれる。そして3番目は、健康的で、家族や同僚と「明るく集えるワイガヤの空間」である。

客層の絞りこみを恐れ、間口を広げるとファミレスになり、奇をてらうと短命に終わる。この線引きが難しい。まさにクルマと同じで、「ファミレス・グルマ」が妙に多いのもうなずけるだろう。

成功させるには、商品開発の要件と同様に、「話題性」と「雰囲気」、そして「味」の3つを兼ね備えていることが肝要だ。「話題性」とは、女の子が「あそこ知っている? ウーン行った! 行った! この前、行ったらね」と話に出ること。「雰囲気」とはウェイターの話し方までを含めた店の空気。そして3番目がズバリ「味」である。

この3つが要で、順番もこのとおりだが、問題なのはレストランなのに「味」が3番目であることだ。これでは、料理人は嫌気がさし、いい料理を作らない。いい客は料理人を育てるというが、味のわからない客は食文化を壊してしまう。と、ブツブツ言いながらも、成功させるプランを立てなければならない。

実はひとつのレストランに、「ハレの舞台」と「シケこみ」、そして「ワイガヤ」を組みこみ、さらに話題性、雰囲気、味の三拍子を揃えたレストランの企画/デザインを任されたことがある。そこは100人近くも入る大きさだから、充分な演出でお客の心を揺さぶることができた。

例えば男性トイレには、野っぱらで立ち小便をする気持ちよさを出した。実際に木立を植え、手前にガラスを張り、小用を足すと上からガラスに沿って水が流れる仕組みである。なかなか爽快な気分になれる。

化粧室は、「私ってこんなに綺麗だったのかしら」と思わせるようにした。女性は男との同伴が多いから自信を与えることが鍵である。ドアを開けると奥行きが8ｍもあり、その奥に花を活けた。長い壁面は鏡とガンメタリックの鉄板を交互に張り、鏡面にガラスの洗面台を付けた。女性が立つと、照明を受けた顔が後ろの鏡にも映り、幾重にも繋がって見える。

そういった効果もあってか、オープンして5年近く経つが、ここはいまだにウェイティング状態である。


レストランだけでなく、クルマにも住宅にも、心に訴えかける面が必要である。最近の住宅は、人のある一面しか表現していない。どこもフローリングと白い壁で、こんなに陽が入りますヨ！という明るい健康面である。しかも、アルミサッシは建物の質感を下げているから、薄っぺらな健康志向に映る。

人にはしっとり落ち着いた世界もあれば、湿潤な世界も、濃密で妖艶な世界もあるのだ。しっとり、濃密にも方向があり、京都にあるようなベンガラ色の土壁と、漆の柱に囲まれた空間はその典型であるし、また色褪せたペルシャ絨毯に象嵌細工の家具が、ほのかな明かりに照らし出された空間もまたいい。これが大人の世界である。

日本の住宅は耐用年数が25年だから建て替えが当たり前で、表層的な家にならざるをえない。ところがヨーロッパのように、主が変わっても、家は代々住み永らえるものと考えれば、日本は大きく変わると思う。街の景観はもちろんだが、産業廃棄物の60%が住宅廃材であるから、これだけでゴミは一気に減る。

それはクルマにもいえることで、技術的には今のままでも可能だから、情緒的な面さえ手を加えれば、長く付き合え、代々乗り継げるクルマになるはずだ。お爺ちゃんが使っていたクルマに孫が乗るなんていうのは、何ともほほえましい話ではないか。

3-5 人は環境で育つ

誰もが心地よい暮らしを送りたいと思っているはずだが、この「心地よい」の基準は人によって異なる。あるお宅にお邪魔すると、家のなかは大型テレビにオーディオにパソコンがあふれ、壁には洋服が吊るしてある。どうぞと言われても足の踏み場もない。どうやら食事も「チン」で終わってしまうらしい。彼らにとっては、最新型の家電に囲まれていることが「心地よい」なのだ。「家電買い換え病」というのがあると聞くが、本当だった。いやいやゴミ屋敷の住民だって、本人は心地よいと思っているだろうから、人それぞれだ。だから「我慢していいモノを買おう」といっても、いいモノの基準は違ってくる。しかし、人は環境で育つことだけは揺るがない。

建築家の今井信博氏は次のようにいう。「都市での景観を保つには、緑がある一定以上必要なんです。そのためには、背があまり高くない3階建ての集合住宅が望ましいですね。ドイツでは『美しい田舎コンテスト』というのがあり、自然と共存している住環境を評価しています。立候補するほうも自分の町に自信があるわけで、住民が全員で町を綺麗にしようとしているんですよ」

翻って、日本の街に自信を持てる人は、行政も含めて誰がいるのだろうか。以前、韓国に行った時のことだが、「セマウル運動」を展開しており、その年のテーマは道路脇を綺麗にすることだった。すると、どこの家も道路脇に花を植え、町の入口にも花壇を作っていた。

最近は日本でも市民の間から、景観を守ろうという声が高まり、日赤病院の赤レンガや、国立駅舎を保存しようという活動が行なわれている。なかには歴史的な旧家を使いながら保存しようという、素晴らしいNPO活動もある。

しかし一方で、広島ではこんな問題が起きている。世界遺産に指定された原爆ドームの隣に、高さ44mの高層マンションの工事が始まった。これが完成すると、景観どころか、各国からの参拝者が鎮魂の思いを捧げているところを、マンションの住民に覗かれることになる。それを知った市民10団体が景観を守る会を結成し、市に申し入れたが、市の建築担当者は「建築基準に合致し、他部門に連絡の必要はないと考えた」という返答を寄こした。

肝心の市の文化財担当者は、文化庁からの「原爆ドームの周辺で何が起きているのですか？」という問い合わせで、初めて建築計画を知ったという。縦割り行政のお粗末さと、世界遺産にも景観条例がないことを、図らずも行政が露呈したかたちである。建設業者も正式に認可を受けて作業を進めているので、今さら変更はできないという。行政の怠慢が景観を壊しているというわかりやすい例だ。

先日、トリノ在住の内田盾男さんと話をしていたら、次のように言っていた。

「トリノでもパリでも、一度家を建てると、外装色もさることながら、ガラス窓のメーカーすら変更できないんですよ。もちろん、最初の家も景観条例に沿って作らなければならないのですが、それほどに厳しい条例が定められています。日本は突然、派手なパチンコ屋ができて、事業が失敗したら取り壊して、また別のものができる。自分の土地だから、何をしてもいいという論理なんだよね。

イタリアのように行政が強いということは、いいところもあるし、そうでないところもあるけど、個人より公を優先するという当たり前のことを、行政がやっているだけだよ。そうやってみると、成田空港問題なんてまったく理解できないね。

日本人って、イタリア人のように生活を楽しむこともせず、一所懸命働いているけど、結局、何も残していないんだよね。建物でも作っては壊し、作っては壊しを続けているだけで、せっかくいいモノを作っても、人が変わると壊してしまう。景観は長期的なスパンで考えないとできないんだよね」

日照権は法で定められているから、日本の建物は屋根が三角になったが、景観には規制がほとんどない。景観法は昨年6月に施行されたが、高さや色などを規制した「景観地区」は全国で3市しかない。

行政を動かすことは、住民の総意でローカル・ルールを定めて提出すればできるというが、仕事を持っている住民が、地域全員の同意を取ってルール化するなどできるものではない。日本は住民が景観を気にし、行政が足を引っ張る。ゴミ屋敷すら、行政は手をこまねいている。ゴミ屋敷のある国なんていうのは、おそらく日本だけだろう。法律的には、2週間放置してあるものは、個人の私有地でも撤去できるというのだから、なぜ行政の人は仕事をしないのだろうか。広島のあからさまな縦割りも含め、そんな行政なら、ないほうがいい。

戦前は軍国主義の、戦後は経済中心の無差別、無節操に開発された景観が広がっている。私が子供の頃の世田谷は、軍国主義も乱開発もされない「屋敷林」が保たれ、緑豊かな町だった。屋敷林とは個人が所有する林のような庭のことで、虫や小動物の生態系を維持できる広さである。それは200坪もあれば可能なことだ。ところが次々に乱開発が行なわれ、けばけばしいコンビニやドラッグストアに取って替わられた。

目黒・碑文谷にあるダイエーの駐車場をご存知の方はわかるかと思うが、この付近は緑がこんもりとした屋敷町だった。ところが、木立が伐採されスーパーの駐車場になり、今は大家石の塀だけが当時をしのぶように残っている。

手入れをして大切に使ってきた旧家も同様である。一定年数を過ぎると、家にはまったく価値がない。土地代だけで評価される。ここが欧米と違うところで、何十年もかかってできた趣きのある家や庭、いわゆる文化は評価されないのだ。

屋敷林が次々に壊された理由は相続税にある。誰もが先祖から何代も続いた屋敷を壊したいとは思っていないわけで、税金が払えず泣く泣く手離した結果、駐車場やパチンコ屋になった。行政として、景観を食い止める手段はいくらでもあったはずだが、手を打たずにきた。伐採した木立や大木を蘇らすには、何十年いや何百年もかかるが、それにはまったく価値がないと考えている。だから、どうでもよい駐車場になってしまうのだ。おかしいのは、何百年もかかってできた景観には価値がなく、更地のほうが高いという見解だ。こんな馬鹿な考えがなぜまかり通るのだろうか。考え方の本質がずれている。

今からでも、緑地部分の固定資産税を安くすれば景観が保たれる。もちろん、相続税も緑地は安くする。そうすれば町に緑が戻る。景観条例を急いで整えてもらいたいが、景観を定義することが難しいというのなら、この案を先に実現してほしい。

街には、住む人の生活がそのまま表われる。そういうと、景観は我々の民度の問題になってしまうが、まずは行政が「文化的景観」のグランドデザインを引いてほしい。そして、海外からも日本に住みたいと思わせる国にしたい。私が景観を力説するのは、緑は心の余裕を示すバロメーターであるからだ。

また、「いい仕事は、いい環境から」だとも思っている。というのは、その人の「生活環境」が、絵にも文章にも、モノにも出てしまうからだ。

私は、かつて素晴らしいデザインをされた方に仕事をお願いすることがある。彼らの多くは自動車メーカーから独立した人たちだ。お目にかかると、仕事があたかも順調のように振る舞ってはいるが、絵は口とは違ってごまかしがきかない。コンセプトや狙いを丁寧に説明したのに、違うものができあがってくる。スケッチには昔の面影がなく、ギスギスした社会に対する不満のようなものが伝わってくる。またある人は、魂が抜けたような絵を描く。もちろん、歳とともに成熟した大人のデザインをされる方もおられるが、それほどまでに「生活環境」が影響するのだ。


今までは欧州のクルマを手本にしてきたが、日本はいつの間にか先頭集団を抜き、トップに躍り出た。すでにキャッチアップ時代は終わり、クリエイティヴな時代に変わったのである。

クリエイティヴな能力は「生まれ持ったもの」と「環境」、そして「努力」の3つであるとすると、本人は3番目の「努力」しか頑張れない。みんなでできるのは2番目の「環境」なのだ。

3-6　デザインは「行動原理」の上にある

話は変わるが、私は鉛筆をよく使う。文章が進まず手が止まった時は、無意識に鉛筆を上唇と鼻の間にはさんだりする。すると木の香りがして、子供の頃のことが頭をよぎる。セルロイドの筆箱から小刀を出して鉛筆を削る。長く削る子もいれば、ずんぐりむっくりの子もいた。削り終わると、鉛筆の後端をひと皮むいて名前を書いた。そして、隣の女の子をちょっと突いたりもした。

鉛筆は書く道具だが、頭を掻いたり、尖がった先っちょで紙に穴を開けたりもする。これが人とモノの関係で、本来の目的とは違う使い方ができたりする。

クルマのドアサッシはガラスを保持するためだが、年老いた母にとっては、乗り降りの際にそこを持つから、杖と同じ役目があった。さらに年老いて車椅子を使うようになると、なかなか後席に乗り移れない。ドアのアシストグリップはリセスタイプのため、凹んでいるだけだから力が入らない。じゃあ抱え上げようとしても、ドアと車椅子の間では、こちらも力が入らない。

最近は電動でシートが出たり、車椅子ごと乗りこめるものもあるが、身障者のいる家庭すべてが、そんな高いものを買えるとは思えない。大げさではなく、なにげない動作のなかで使えるモノを、人は嬉しく感じる。

デザインとは、人の「行動原理」に沿ったものでなければならない。

「行動原理」とは、例えば次のようなことだ。ドアのインナーハンドルを搭乗者により近づけると、使い勝手は悪いが、身体をひねってドアを開けようとする。すると上半身が後ろを向き、自然に後方を確認してからドアを開くことになる。意識せずとも安全を確認することができるわけだ。

だいぶ前のことだが、父親が助手席のドアを開けた瞬間、そこに自転車が突っ込んできた。互いに怪我はなかったが、その時に意識しなくても後方を確認する方法はないかと考えたすえに、生まれたアイデアである。

また、ドアキーとアウターハンドルの位置を低くするのも、行動原理に沿った考え方である。キー位置が低いと自然に腰を曲げる。この腰を曲げた姿勢は、次のシートに座る準備の姿勢である。特にスポーツカーでは、背の低いクルマに乗るんだという喜びをも感じさせてくれる。

ドライバーの目線とフロントフェンダーの膨らみの交点の下にタイアの接地点を設けると、タイアの位置が掴める。位置が掴めるとクルマとの一体感が生まれる。これも行動原理に基づいた考えのひとつだ。デザインとは人の動きのなかに溶けこんだ造形でなければならない。

こういった考え方が蓄積されて「クルマの文法」ができたように思う。たとえばロードスター（2シーター・オープン）の革シートは、着座面のみ本革を使い、シートバックの裏面はビニールにする。ドアトリムもビニールである。これは高価なアストン・マーティンから、安いヒーレー・スプライトまで同様である。降りたあとに、突然のスコールで濡れたり、日照りで暑くならないようにシートバックを前へ倒し、その裏で保護するためだ。それを知らず「このクルマは全部本革を使っていますと言うと、目利きからは「スポーツカーを知りませんねー」と笑われてしまう。

神社や寺に行くと、階段を数段登って門をくぐり、また数段降りて元の高さに戻ることがある。わずかそれだけの動作で邪念が取り払われ、日常の煩わしさから解き放たれた気持ちになる。私が設計したレストランは、この心理を使って、武家屋敷ふうにした長いエントランスに階段と門を設けた。すると同様な効果が生まれ、食事が旨く感じられる。

スポーツカーの小さなドアもその効果がある。身体を丸めるようにして小さなドアから入るのは、日常から解き放たれて非日常に入るためである。ドアやフロントフード、トランクリッドなどの蓋モノを小さくするのは、車体剛性を高めるためだが、その考え方がスポーツカーの精神を創り出したともいえる。

このようにクルマというのは、長い歴史のなかで、作り手と使い手によって培われてきた「文法」の上に成り立っている。それを知らず、新しい石を積むとその石だけが落ちてしまう。ユーノス・ロードスター（初代）が成功したのは、この「文法」を忠実に守ったことも、ひとつの理由であろう。

もうずいぶん前のことのように感じるが、M2‐1001というクルマがあったことを憶えておられるだろうか。これはユーノス・ロードスターをベースに作り上げた、いわばタチバナ・スペシャルである。このクルマに年に一度、M2クラブのミーティングで逢うことがある。

そのたびに16年も前の自分の仕事を見て、今の自分に「喝！」が入る。たかがチューニングカーだが、本体のロードスターとは違った感情が、このクルマを見るたびに湧き上がる。それはまったく妥協せず、徹底した仕事をしていた当時の自分を見ることができるからだ。それによって甘くなった今の自分に気合いが入る。

そういった目線で見るためか、次々に新型車が発表されても、どれも同じように見えてしまう。発表会の席でデザイン意図を説明されるが、言葉とクルマが違って見えるのだ。

一般的にデザイン開発は、日米欧の3拠点で行ない、パネラーを集めて、彼らの意見を聞く。その意見を総合してデザイン本部長が決めるのが通例だ。「では、フロントは欧州チーム案を、リア廻りは米国チーム案を使い、ウィンドーのグラフィックは本社案でいこう。では、チーフデザイナーのだれだれ君、あとは巧くまとめてくれたまえ」となる。

チーフデザイナーが頑張って3案をまとめると、またクリニックを行ない、細かな修正が入れられる。このように時間をかけることによりデザインは熟成するが、反面、作り手の意思は消えていく。デザイナーのなかには海外から引き抜いた優秀な人材もいるが、彼らもひとりの提案者にすぎない。それはトップに眼力がなく、判断基準を持たないからだ。

デザインに意思を感じないもうひとつの理由に、デザイナー自身がトレンドを追い、それでいて他との差別化にやっきになっていることも挙げられる。では、デザイナーに目隠しをしたら、どんなクルマになるのだろうか。それを見せてほしい。

トレンドや差別化はバッサリ忘れて、「クルマは人に対してどうあるべきか」をもう一度考えてほしい。それが個性なのだ。答えが出るまでは、デザインはしないほうがいい。

世の人々はスローライフやLOHASなどゆったりした生活を志向しているにもかかわらず、クルマのデザインは眼を吊り上げた怖い顔ばかりだ。強面《こわおもて》でギスギスしていると、街までがそうなる。このギスギスにはデザイナーの「生活環境」が表われているとまではいわないが、それでいて作り手の意思を感じないのは、トレンドを追い、合議制で決めているからだ。クルマは街の景観でもあるのだから、街がおおらかになるようなクルマであってほしい。人間国宝を自ら辞退した京都の陶工・河井寛次郎は「美はあとから付いてくるものである」と述べた。綺麗に作ろうなんて思っているようではダメで、美はオマケであるというのである。デザイナーはオマケの美しさを出してほしいものだ。

3-7 デザインの三大要素

キヤノンのEOSやオーディオ、自転車などのデザインを手掛ける、インターデザイン・アーレンス代表の中條健之助さんをご存知だろうか。彼とはクルマや酒を通じて楽しくお付き合いをしている。その彼が、魅力的な商品を作るには3つの要素が必要であるというのだ。

まずは彼の話を聞こう。

「まず1番目は、モノを見たときに何かを『予感させる力』なんです。もしこれを手に入れたら、どんなに生活が楽しくなるだろうかと、見る人の心をワクワクさせる力です。これがなかったら誰も見向きもせず、果ては安さに惹《ひ》かれて価格競争に陥ることになります。財布の紐を緩める説得力がこれなんですね。

ところが、ここが難しい。作り手が、理想とする世界観を持っていないとできません。例えば椅子でも、家庭用のカジュアルなものはデザインできても、王侯貴族が使う椅子となると、その世界観は簡単ではない。そこで大事なのは、いかに『想像力』を発揮できるかということです。

2番目は『マジック』です。例えば丸い木の箱があったとすると、これは何だろうか?　なぜこんな形をしているのだろうか?　どういう構造なのか?と思う。そしてわかった時になるほど!と感動する。これは譬《たと》えで、機能と結びついていないと意味がないけど、見ただけで感動させるパワーなんです。もっとも感動さえさせれば、飯が喰えるほど世の中、甘くはないですけど。

3番目は『美しい』ということ。美しいというのは機能のひとつです。美人を見ると誰もが快さを感じるように、モノも美しくなければ価値がありません。美しさは人によって違うけど、デザインには世界に通ずる普遍的な美しさが求められます。日本では丸文字グッズ的なものがもてはやされていますが、売れるものが良いモノとは限りません。

丸文字グッズの氾濫の原因のひとつには、公の場所で子供が騒いでも親が注意しないということが挙げられますね。子供は注意されないまま大人になり、大人になっても社会は至れり尽くせりで子供扱いでしょ。その結果、何も考えない未成熟な大人が増えてしまったのです。そういった彼らが選ぶものが丸文字グッズなんです。デザインは未成熟な人を対象にするのではなく、大人のマーケットで勝負しなければ進化がないと思います。

クルマの開発も、今はユーザーの声を聞きすぎています。これからは人のためではなく、『自分自身のために』をキーワードに、志を高くもってほしいですね。デザイナーやプランナーは、いかに個人的文化を持つかが、決め手になるでしょう。

大切なのは、今お話しした3つの要素の裏にある、バックグラウンドの深さなんですよ。頭ではわかっていても、いざ鉛筆を持つと、その人の『器』が出てしまう。器には、経験だけではなくて、生まれ持ったものや、生まれてからの環境、日常的な生活などが含まれて、そのすべてがモノに表われてしまうんです。もちろん、努力によってカバーはできますが、自分自身の器に気づいていない人が多いのも事実です。

でも立花さん。器っていうのは、見えないし測りようがないから難しいですね。器は仕事と遊びの積み重ねだけど、いかに感度を高めて取り組むかで大きくなると思います。遊びも感度の高い遊びがいいんです。遊ぶ時間が持てないようじゃ、生きている意味がないじゃあないですか。しかし、日本には昔から遊びは罪悪という風潮があって、遊びのために会社を休みにくいのも事実ですよね。

私は、どうせ遊ぶなら少し頑張った遊びをしようと心掛けています。するとそれが活力になって、仕事でもクリエイティヴな力が発揮できる。この繰り返しが個人的な文化を育てると思っているのです。

若い時は自分の器が小さかったこともあって、悔しい思いをしましたが、この積み重ねが、考え方の礎《いしずえ》になっているように思いますね。そして若い人から『あーいう大人になりたい』と言われることが、60歳を過ぎた男の責任だと、最近思うようになりました」

事実、中條さんの遊び方はなかなか格好いいのだ。蓼科に自宅を移し、「食とクルマ文化を探る会」を主催、今は「コッパ・ムギクサ」という古いクルマでジムカーナをしたあとに、旨い酒と食事を楽しむ会を催している。

クラシックカーに興味がそそられるのは、数が少ないからではなく、クルマに美学を感じるからだ。また、旧いクルマに乗っている人はなぜか格好よく見える。それは自分の好きなスタイルを貫き、効率一辺倒の生活をしていないように映るからであろう。旧いクルマを足に使うのは大変なことだが、そこに心の余裕を感じる。

こういうと一見、蓼科の豪邸で金持ちが遊んでいるように聞こえるが、そんなことはなく、サラリーマンでも頑張ればできる話だ。彼を見ると、生活のなかの比重をどこにかけるかによって、いかに活き活きした生き方ができるかを示しているように感じる。

今年も恒例の楽しいイベントが終わったところだ。クルマや食事の旨さにまして、集う人の会話が楽しい。それは、中條さんと一緒に準備をされる土井アリスさんにも魅力があり、彼らの周りに人が集まるからだ。その集まる人もまた楽しく、連鎖的におおらかで楽しい輪が広がっている。

この自分らしい生き方や仕事の積み重ねによって、器が育まれるものと思う。その結果として、若い人たちの目標になればなによりだ。私自身もまだまだ遊びが足りない。もっとエネルギーを爆発させるような遊びをしなくてはと、つくづく思う。

第四章

日本は腑抜けになった

4-1　教育より大切なこと

前章で気骨も倫理観もない人が作るから、モノは腑抜けになると言ったが、逆もまたしかりで、モノが人を腑抜けにしたともいえる。

ホームでは「白線まで――」、エスカレーターでは「足元にご注意――」、トイレでも「右が女性用、左が男性用――」、5時になると「夕焼け小焼け――」と、どうでもいいお節介《せっかい》が鳴り響く。


そんなお節介の典型がクルマである。近づいただけでドアロックが解除され、暗くなったらライトが点灯し、雨が降ればワイパーが動き、もちろん、コーナーで滑ることもない。ぜーんぶ自動で動く。こういうクルマに乗ると、何でもやってくれるものと身体が錯覚し、とっさのブレーキが遅れるのは当たり前の話だ。

たまにヨーロッパに行くと、タクシーの横に立っていてもドアが開かず、バツの悪い思いをすることがある。電車のドアですら自分で開けるなんて、考えもしないことだ。なんでも自動にすることが良いのではなく、自分でできることは自分でする。

日本は、家電からクルマ、教育まで至れり尽くせりで、この何でもやってくれるお節介が、

「甘えた人間」を作っていると言える。人は自己責任が科せられないとダメになる。

前述の森脇君がいうには、ドイツでは交差点の信号をやめて、ぐるっと廻るロータリーに戻しつつあるという。アメリカ的なオン・オフではなく、自分で安全を確認して走らせることが大切だという判断かららしい。確かに信号だとクルマがなくても待つわけだが、ロータリーなら止まらずに行ける。CO_2の排出量も減り、さらに自立心が生まれるなら、一石三鳥の効果ではないか。

日本が資源を持たずして、今日の経済成長を遂げることができたのは、団塊の世代までの「知と勤勉さ」があったからだ。ところが「知」は国際的な水準から大きく遅れを取り、基となる「骨」など、どこかに消えてしまった。日本が腑抜けになったのは、団塊の世代以降の「甘えの人間」によってである。

では、「骨」とは何であろうか。後述するが、自分のなかにもうひとりの自分ができ、そいつが「行け！ 頑張れ！ へこたれるな！」とハッパをかけてくれることである。人は弱いもので、ややもすれば安易な方向に流れてしまう。だからもうひとりの強い自分が必要で、そいつの力を借りたいのだ。この強い相棒がいるかいないかで、すべてが変わるように思う。でも、もうひとりの自分は簡単なことでは生まれてこない。

親は自分の子供に好きなことを命懸けでやらせ、心を磨くことをさせてほしい。そこで血が出ようが骨折しようが、そんなことはどうでもいい。いや、そうなったほうがいいとすら思う。体罰は禁止され、良いところを褒めて伸ばすというが、とんでもない、9回叱って1回褒めれば充分だ。喜怒哀楽という感情をいかに鍛えるか、ということが大切なのだ。

子供の時には、良いことや悪いことの分別がないから、怒られて初めてわかる。ダメなことはダメなのだ。いちいち理由など説明する必要もない。大人が子供を叱れないのは、自分自身の背筋が伸びていないからだろう。

また学校では、ジェンダー教育を声高に論じているが、これは日陰のモヤシ化教育だ。「男はオトコらしく、女はオンナらしく」は禁句だという。男女平等/同権は当たり前だが、先生方は男と女の質の違いがわかっていないようだ。

その先生方にお訊きしたいことがある。運動会で順位を付けないことを善しとしているが、本当に順位を付けないことが正しいと、お考えなのですか? ミラノ・オリンピックやサッカーで、あなた方は日本人が頑張っている姿に、感動することもなく、応援もしなかったのですか? 誰もがメダルが取れないことを悔しがっていたが、それは当然の感情で、もし感動する心がなかったら、あなた方は子供を教える資格どころか、人ではないのだ。

話は変わるが、以前、ドイツのジャーナリストが、唐突に次のような質問をしてきた。

「日本は明治維新で大きく変わり、大戦後も変貌をとげ、急激な経済成長をもたらした。そこにはどういった背景があったのですか？」

突然の質問で頭のなかは整理もつかず、日本語ですら答えるのが難しい。なんとか、歴史と経済成長をもたらした理由を、次のように話した。

「日本には江戸時代から寺小屋という学校があって、知的レベルが高く、また武士道からきた凛々しさがありました。またご存知のように、浮世絵や短歌などが栄え、文化も充実していたのです。

そういった基礎があったから、明治以降、急激に力を付けることができたのです。戦後も教育が熱心であったため学力が高く、日本中、どこに行っても差がないのです。また勤勉なため、上からの指示がなくても、自ら質の高い仕事ができます。例えば、自動車会社では——」といって、例の「カイゼン」の話をした。

「ところが今はまったく違うのです。国民は裕福になったため、頑張ることをしなくなりました。また日本は人口が減りますから、それに比例して経済も鈍化します。もうひとつの理由は、『カイゼン』も一段落したので、ここから先は、今までのような経済成長はなく、停滞するでしょう」と括った。

私はこんなことを英語で話すほどの力は持ち合わせていないので、通訳さんにお願いした。最近は小学校から英語を教えようとするが、英語より大切なことがある。それは中身の教育だ。この話に中身があったかどうかは別にして、中身がないのに英語だけをペラペラ話すと、日本が薄っぺらな国に勘違いされてしまう。自分が英語音痴だから、負け惜しみも多分にあるが。

あとで知ったことだが、欧州のトップクラスのジャーナリストは、そういった根源的な質問をして人を試すらしい。ちょっと陰険だが、その問いに答えられないと、「この人は自国の文化や歴史を知らない人だ」と馬鹿にするという。

4-2 学校教育に問題

そんな実情に照らし合わせると、文部科学省が進めた「ゆとり教育」には、中身がまったくないように思える。それについて東京理科大の澤田利夫研究所長は、70年代、80年代、2000年代の、1年生から6年生までの膨大な量の全教科書を統計的に分析し、原因を解明した。

その結果、小学校の教科書は70年代に比べて総ページ数が26％少なく、復習／演習はなんと3分の1しかない。次に中学校の指導時間を見ると、70年代から37％も減り、問題演習の時間はやはり3分の2がカットされている。子供の時は同じことを何回も繰り返す習熟が必要なのに、そこが省略されているのだ。

文部科学省は、「学校での教育内容が過密だから、子供が授業を理解できない」との理由で、ゆとり教育を採用した。さらに02年から「完全学校週5日制」に踏み切り、基礎教科を大幅に削減した。

では、この削減した授業時間数が世界的にどのレベルであるかを、「授業時間に関する国際比較調査」で見てみよう。日本の小学校6年間の算数の総時間数は、654時間で、米国の1080時間、フランスの952時間、英国の870時間に比べて極端に少ない。単純計算で、アメリカの60％しか教えていないことになる。これでは国際的な知の水準から遅れをとるのは当然である。

いっぽう、いじめや不登校が広がり、公の教育に対する不信が広まった。そのため経済的に余裕のある人は私立に流れ、二極化が始まった。

文部科学省は、経済協力開発機構（OECD）の発表で、初めて学力低下を認識したようだ。お役所のお偉い方々は、海外との時間数を比較する、こんな簡単な算数もできていなかったのだ。これはどう見ても「ゆとり教育」ではなく、先生と文部科学省の「さぼり教育」ではないか。

小中学校での問題はそのまま高校にも波及し、千葉のある県立高校では「九九」が言えなかったり、「b」と「d」の区別ができない生徒がいると、赴任した校長先生が嘆くほどだ。ご存知のようにインドは、子供の時に2桁の「九九」をやるためか、暗記力に長けていて、会社の会議でもメモを取らずに頭に入るという。研修でも、教えたことはきちんと記憶している。そのため、会議や研修は日本より短い時間で済むのだそうだ。子供の時に頭を鍛えておかないと、やはりダメということらしい。

財団法人日本青少年研究所が、昨年末に、日、米、中、韓の高校生1000人を対象にアンケート調査を行なった。「学校以外で勉強をどのぐらいしているか」という質問に対し、「していない」と答えたのは、日本が45%、米国15%、中国8%。次に「授業中に寝たり、ぼうっとするか」では、日本の生徒はなんと73%を占め、米国48%、中国28%を大きく上回っている。日本の高校生は勉強せず、夜更かしして、学校では寝ることになっているようだ。

次に「大事に思うこと」を複数から選んでもらったところ、「希望の大学に入る」は日本

29％、米国54％、中国76％、韓国78％で日本は最低。「成績が良くなる」も米、中、韓が共に73〜75％と高いのに対して、日本だけが33％とやはり最低だ。

次に「非常に関心があること」では、日本は「マンガ、雑誌、ドラマなどの大衆文化」がトップで62％。中国と韓国のトップは「将来の進路」で64％と66％。米国のトップは「友人関係」と「将来の進路」で共に64％と62％である。

他国の高校生が「将来の進路」を一番の関心事であるとしているのに対し、日本の高校生はなんと「マンガ」なのだ。それはそうだろう。髪を茶パツにして、ズボンをずり落として、「九九」もできないのだから将来なんて関係なく、話題はテレビの芸能人というのも当然というわけだ。


では大学はどうであろうか。少子化と叫ばれているなか、無計画に新大学の設立を認め、今や大学の数は四年制だけで７００校を超えた。そのため07年には希望者全員が入学できる「全入時代」となり、落ちこぼれの高校生すら大学生になれてしまう。

いや、すでに40・4％（06年7月時点）の私立大学が定員割れを起こしている。生徒が定員の50％を切ると倒産するといわれているから、私立大はなりふり構わず生き残りに躍起になっている。大学の質が問われても、学力の向上どころではない。

学力低下の原因は、「小学校のゆとり教育」にあると国立大教員は訴えている。でもあなた方教員は、大学院の研究者養成コースを卒業しただけで、社会を知らずして教員になっているではないか。企業が新入社員を鍛えるような研修も受けていない。

社会の荒波を知らない教員によって授業が行なわれ、その結果、各企業からは使いものにならないという評価が下されている。経団連の05年調査で、各企業が採用時に重視するポイントは、1番目がコミュニケーション能力、2番目がチャレンジ精神、3番目が主体性となっているが、今の学生にはこの3つが欠けているから、そこを評価するというわけだ。

コミュニケーションの問題は、小学生の時から生じているらしい。ある小学校へ先生が赴任したところ、問題児が何人かいて授業にならなかったという。ところが実際は、問題児以外の普通の子供のほうに問題があったのだ。一対一では話ができても、他人への関心がないため、先生の話が聞き取れず、発言ができない子供が大半だったという。おそらくひとりっ子で育ってきたから、皆と話すことができないのだろう。それをそのまま大学まで引きずっているのだ。

では、そういった日本の大学の国際評価はどうであろうか。スイスのシンクタンクが調べた研究開発能力を見ると、日本は民間会社の研究開発能力は世界の2位であるのに対して、大学は極めて低く番外である。こんなことでは日本の将来は真っ暗闇だ。大学は一国にとって知の源泉であり頭脳であるべきなのに。

ＯＥＣＤ（経済協力開発機構）が映し出した日本の若者の姿は、論理的な思考を支える「読解力」と「関心／意欲」が著しく低下しているものだった。また、「テレビ視聴時間」の極端な長さや、「将来への希望」のなさであるともいう。

これは社会構造のひずみと重なっているわけで、ニートに繋がり、さらには国力の低下へと結びつく。まず政府は、教育政策の失敗を反省し、それを国民に報告すべきだ。次に社会構造の変化をにらんだ新たな「知」を創出する仕組みを作らなければならない。大切なのは、武士道から生まれた「道徳」を教えることである。

ところが現実は、国や地方が学校教育に支出した経費でみると、ＧＤＰ（国内総生産）比率で日本は３・５％しかない。トップはフランスで５・５％、次がアメリカ、韓国、英国、ドイツと続き、日本はＯＥＣＤの平均を大きく下回っている。義務教育費について国と地方の分担でもめているが、それ以前に、「知」「道徳」のレベルをいかにして取り戻すかを議論してほしい。

4-3 では企業の教育は

製造系の企業に入ると、最初に新入社員研修が行なわれる。まずは現場のラインに行かされるが、そのスピードについていけず、3カ月くらいは泣いて帰る羽目になる。続いて販売の第一線に送りこまれ、チラシを持って各家庭を6カ月間ほど廻るのが一般的だ。

以前は自衛隊への体験入隊をする企業があったり、マツダでは広島から中国山脈を越えて日本海まで、百数十kmをモクモクと歩く研修があった。リュックを背負って山のなかの道なき道を、3泊4日の旅程で歩き通す。

私も若いときはインストラクター役で、200人くらいの新入社員と一緒に本社を出発した。多くの人は、足にマメができ、水を抜き包帯を巻くが、それでも皮がズルズルに剥けてしまう。なかには足の筋肉が硬直して歩けなくなる人もいた。

雨が降れば獣道《けものみち》では滑って転倒し、晴れれば晴れたで直射日光で熱射病にかかる人もいる。雨中でのテント生活は大変で、薪に火が点かない。火が点かなければ飯が喰えない。いや、晴れていても火を熾せる人が少ないのにも驚いた。それもそうだ。小中学生で山にも登ったことがない子供が68%（05年）もいるのだから、火など熾せるはずがないわけだ。

なんとか最終到着地の山陰・浜田の国民宿舎に着いた時には、2割ぐらいの人がすでに脱落し、伴走車に乗せられてきた。何とかたどり着いた人も歩ける状態ではなく、宿舎を這い回っている姿は、大きなイモ虫のようだった。でも帰りの汽車では、皆、爽快な顔をして、傍からもひと皮剥けたように見えた。

昔はうだうだ仕事をしていると、スパナが飛んできたものだ。それがいいか悪いかは別にして、叩き上げの教育だった。私はエンジン開発部に十数年籍を置いたが、業務時間の4割は、仕事とは関係ないことをやっていた。圧縮比の限界を探ってみたり、カムを手で削って出力特性を掴んだり、燃焼室の色を見て燃え方を勉強したりした。興味があるから、深夜までベンチを回していても楽しいのだ。

家に帰れば帰ったで、社宅のひと部屋を床も壁面もダンボールで、二重、三重に囲って、そこでレース用のバイク・エンジンを作っていた。ボア・ストロークを変えるため、クランクまで作り変え、どうしたらパワーが出るかを探った。この手に油した生活によって、エンジンが肌でわかるようになった。

以前あるミーティングで、これまた黙っていればいいものを、ついつい我慢できずに、「0＋0＝0だ。素人は何人集まってもダメだ」と厳しく言ったことがある。それはこういうことだ。スポーツも仕事も、まず基礎体力が必要である。そして次に自分に合った得意種目がある。ところが入社10年経っても、基礎すらできておらず、得意種目もない。そんな連中がウダウダ会議をしても答えが出るはずがないからだ。ところがそこの部門長は、性急に結果を求めようと組織を変えたがる。どんなに立派な組織を作っても、「0＋0＝0」は変わらないというのにだ。

会社は会議によって物事を決めるが、結論が正しいかどうかは、結果を待たなければわからない。しかし、そうではないことを知ってほしい。結果を待たなくても、プロセスの考え方が正しければ、間違いなく成功するのだ。そのプロセスとは、仕事の取り組み方である。とはいえ、上司がそれを見抜けなければ、やはり結果を待つことになるのだが。

企業教育には、ノウハウを教え性急に結果を出すための「成果重視教育」と、人の器を成長させる「人間形成教育」のふたつがある。企業を長期的に成長させるには、器の大きい幹部社員を育てることが必要で、それは言うまでもなく後者である。

教育ではないが、それと同じ効果を狙って、以前、新卒採用時に、女性は四年生大卒を入れることを人事に提案したことがある。理由は、彼女らはゆくゆく幹部社員の奥さんになるからだ。社内結婚が多いため、優秀な女性を採用すれば亭主も成長するというわけだ。

あえて「人間形成」を謳わなくても、人は企業風土のなかで育つ。私は今も種々の企業の方々と仕事をしているが、トヨタにはトヨタらしさが、ブリヂストンにはブリヂストンらしさがある。本人は気づいていないようだが、社員はその会社を表わしている。

トヨタが、終身雇用の維持を理由に、米国の格付け会社によって格付けを引き下げられたことがあった。その際、「米国流にそのまま合わせる必要はない」と激しく反発して、日本の良さである終身雇用を貫き通した。「社員の首を切るなら、経営者は腹を切れ」という奥田碩氏の言葉は有名で、アメリカ流の雇用調整を強くけん制した。

ブリヂストンも社員を大切にする会社だから、社内にはおおらかな雰囲気があり、社員はのびのびと仕事をしている。人は環境に影響されるから、いい会社ではより良い人材が育ち、より良い仕事をする。

ところがアメリカは、あくまでも雇用主が強く、労働者を使い捨てる国である。日本でも正社員を減らしパートに切り替えているのは使い捨てがきくからで、ここもアメリカに倣っている。

米国で雇用主が強いのは、年俸を見れば一目瞭然である。労働者の平均年俸が３００万円であるのに対し、企業経営者は13億円（04年）である。赤字にあえぐダイムラー・クライスラーの社長は、なんと55億円だ。

アメリカ式がおかしいと思うのは、社員は上司からの指示で仕事をし、指示以外のことをすると怒られるにもかかわらず、経営が悪化したら首を切られるという点だ。そういう待遇のなかで社員がいい仕事をすると思ったら、大間違いである。

4-4　少子社会には中身の濃い人を

今後は少子社会となり、ますます過保護なひとりっ子が増えるだろう。だから、ギリギリまで頑張るなんていう子供はいなくなってしまう。今でも汗をかくのはダサイなんていう、馬鹿げた風潮があるくらいだから。

その少子化問題について私が講演したのは、もう15年も前の話だ。西武が主催した「人口停滞時代の消費を読む」というフォーラムのなかでのことだ。このフォーラムは、経済企画庁の基調報告から始まり、それを受けて各業界の代表が講演を行なうという流れだった。住宅産業、家電業界、生活材一般、教育出版の代表に交じり、自動車業界は若輩の私が務めた。テーマは、各社とも人口の減少に伴い経済が鈍化するなか、どのように市場を捉え、戦略を立てるかという話であった。

それから15年が経ち、実際に人口が減ってから慌てて、少子化担当相・猪口邦子を誕生させた。すでに世界で最速の少子高齢化が始まるというのにである。もともとこの現象は、50年前に定められた、子供はふたり以上作らないという産児制限がきっかけで起こったものだと思う。それは、戦後に起きたベビーブームの期間が、米国が19年（１９４６～64年）ものの長期に及ぶのに対し、日本ではわずか３年（１９４７～49年）しかなく、「団塊の世代」後に急激に減少したのを見てもわかる。

また政府は、高齢者には優しいが、子供にはまったく無関心だった。それは03年の社会保障給付費を見ても明らかだ。総額84兆円のうち、高齢者には70％が配分されたにもかかわらず、児童手当、出産、育児にはわずか４％しか割かれていないことからもわかる。政府は明らかに予測できた問題でも手を打たず、人口が減少してから慌てて動きだしたが、それでも給付額はこの程度だ。

日本もこのところ大きく変化し、「できちゃった婚」は第一子の26・７％である。また、20組に１組が夫か妻のどちらかが外国人だというのだから、国際結婚が意外に多いのも知られざる事実だ。いずれにしても、晩婚化と晩産化は急激に進み、平均初婚年齢は27・８歳、第一子の平均出産年齢は28・9歳で、30年間に3歳も上昇した。
親の都合でひとりっ子が増えているが、兄弟喧嘩は子供の成長に欠かせないと思う。ひとりっ子は大人になっても、仕事の仕方を見るとすぐにわかる。ひとりでの仕事はこなせても、コミュニケーションをとるのが苦手で、チームの仕事が不得手な人が多い。だから子供は多いほうが良いと思うのだ。

いっぽう、フランスでは赤ちゃんの出生率は年々上昇し、1・6から05年には1・94まで上がったという（ちなみに日本は1・25）。しかも子供（2人）のいる女性の83％が働いている。その背景には、柔軟な家族制度に加え、育児休暇が最長3年も認められている現実がある。さらに驚くべきは、婚外子比率（結婚していないでできた子供の比率）が、ひとり目では何と59％もあり、平均でも48・5％を占めているということだ。

そんな話を30代前半の女性にしたら、意外な答えが返ってきた。
「フランスの話はよくわかるわ。日本もそうなっていくんじゃないかしら。つまり、『結婚』という形式に捕らわれなくなるということよ。今の世の中、女性も働くのが当たり前でしょう？ 社会に出て収入が得られれば、経済的にも精神的にも自立してひとりの人間として生活ができるんですもの。

しかも、日々厳しい社会で闘っている男性の姿を見るわけでしょ。自分よりも大人で成熟した男性に出会う機会が増えれば、自然に男性を見る基準が上がってしまうわ。企業の重役秘書に独身者や晩婚の方が多かったりするのは、それを象徴していると思うの。

でも、自立しているからといって、必ずしも独身のままでいいと思っているわけではないのよ。いい恋愛は自分を成長させてくれるし、いい人がいれば一緒に暮らして感動などを共有したいと思っているもの。それに子供を産んで育てたいという思いだってあるのよ。また、誰かに必要とされたいっていう欲求もあるから、子供がいると、そこが満たされると思うのよね。

とはいえ、結婚しない男性も増えていたりしていて、年々結婚のハードルが高くなっているのが現状みたい。極論すれば、側室制度を復活させたっていいと思うのよ。魅力的な男性に集中するのは当然ですもの。そうすれば、世の男性もボヤボヤできないでしょう? 一夫一婦制なんて、所詮、国家が社会秩序を維持するために導入しただけの制度。過激だと思われがちだけど、少子化対策には側室制度が効果的だと思うのよね。

女性がひとりで子供を生んで育てるには、いろいろと自問自答しなければならないことがあるのよ。第一に、世間の風当たりが強いということ。でも、これは強い意志があればクリアできてしまう。

次は、経済力と子育ての時間が両立できないことよね。子育てに時間を割くと収入が減るでしょ。ここはフランスのような制度があればいいんだけれど。

そして3番目が一番の難題。それは片親が与える子供への影響よね。両親が揃っていれば、母親が怒っても子供は父親に逃げられる。ところがひとりだと、そういった子供のストレスも母親が負うことになるでしょう。

こういった問題を覚悟して子供を作ればいいけど、現実は簡単ではない。フランスは社会が成熟しているんでしょうね。結婚という制度に縛られなければ、今より選択肢が増えるのよ。社会制度の充実、なんて遅々として進まないし、小手先の少子化対策なんて現実的じゃないと思うわね」

こんなふうに立派なことを言われ、返す言葉がなかった。

我々は少子化を問題にしているが、実のところ、本当は少子社会が望ましいのだ。地球全体からみれば、飢えによる食料問題もCO_2問題も解決し、地球は健康になる。

しかし日本の場合は、次世代を担う子供が人とのコミュニケーションすらとれず、「骨」がないとなると、お先真っ暗だ。やっぱりここは、猪口邦子さんにお願いして、一夫多妻制に戻すことも考えたくなる。強い男に女が集まるというのだから、当然、子供も強い子が生まれるわけで、強い子供をジャンジャン作らなければ、日本はダメになる。

――という話が主旨ではない。この少ない子供を使えるようにしなければならぬという課題を解決すべきである。ある中学の校長先生が、今の子供には成功体験が必要であるといっていた。簡単な問題が解けたり、あるいは鉄棒ができたというだけで自信が付き、ほかのこともできるようになるという。

勉強もスポーツも仕事も、苦労に苦労を重ね、成功にこぎつけると、プラスのスパイラルが回りだす。最近は仕事が分業化されているため、成功体験が難しくなったが、レースやスポーツなら可能なわけだ。まずはギリギリまで頑張ってみる。すると、そこには言葉では言い表わせない達成感がある。

この地道な努力と達成感によって、人には人間性が育まれるという。そうした人から「いいモノ」が生まれる。それは「モノは作り手の器に比例し、器は感動の量に比例する」からだ。私の器が育まれたかは別にしてだが。

少子社会は、社会が平和で繁栄している時に起こる現象のようで、動植物が厳しい条件ほど子孫を繁栄させ、そうでないと生殖が衰えるのと同様であるようだ。

「古代ギリシャが衰退した原因は、少子化である」とは、紀元前2世紀に歴史家ポリビオスが書き残した言葉だ。「当時のギリシャで人口が減少したのは、戦争でも疫病でもなく、平和と繁栄のなかでは人々は結婚を望まず、結婚しても子供を産まなかったことにある」と記している。

第五章

オトコとしての価値

5-1　飯をガツガツ喰う奴ほど、仕事ができ女にモテる

前述の建築家がおもしろい話をした。親しいクスリ屋さんが、人を採用する際にわざわざ料理を作って、その食べ方を見て判断するというのだ。身体が大きい小さいは関係なく、飯を元気よくガツガツ食べる人は、間違いなく仕事もバリバリこなす。その考えから、採用試験には料理が出るという。そういえば、昔から早食いは仕事も早いというから、飯の食べ方は、どうやら人を表わしているようだ。

ある食事の会で、かぼそく見えた若い奴に「どんどん食べなくちゃあ」というと、隣のお母さんが、ウチではそのような育て方はしておりませんの！と返してきた。ウチの子はどこそこの名門校に通っておりまして――というたぐいで、30歳に近い息子を、こう扱った。

モヤシ化した子供がかわいそうだと思ったが、子供もそれで満足しているようだった。だいたい子供の時から飯を考えながら食べているようではダメだ。飯はガツガツ喰うのが基本である。こういう男は仕事もできるし、女にもモテる。食べることは生きるということで、飯を喰うという本能を押さえたら去勢した犬と一緒で、根源的なパワーが出ない。

最近はバランスの良い栄養食をなどといって、塩分や甘いもの、酒までをも控える人が多い。ではその目的は何なのか。おそらく健康で長生きしたいからだというだろう。そんなも

ので長生きすると思ったら大間違いだ。人に必要なのは快楽で、そのひとつが食である。食べたいものを腹いっぱい食べ、思いっきり運動する。それで布団に入れば朝まで熟睡だ。これが原理原則で、健康の原点である。我々は動物だから、原理原則を外したら「活力」など出るはずがない。

快楽なくして長生きしても何の意味もないではないか。人には破天荒な快楽や根源的なパワーが必要で、それがないといいモノは作れない。

同様に「暑い時は暑く、寒い時は寒く」、これも基本である。エアコンを効かせ、密閉した部屋で暮らすのが快適だと思ったら大きな間違いだ。自然の変化は情緒の源泉であるし、暑さ寒さは健康の秘訣である。健康な時ほど飯や酒が旨いと同様に、思考も身体が元気でなければ陰湿になってしまう。

また、子供の時にしておかなればならないことは山ほどある。ぜひあり余ったエネルギーを汗と共に発散させてほしい。塾やゲームに明け暮れしていたのでは、肉体的エネルギーは発散できない。

そうこうするうちに、男は性的エネルギーが芽生えてくる。その時までにエネルギーを発散していなければ、女の子を正面から捉えられなくなる。身体だけが成長し、性的エネルギーの捌《は》け口《ぐち》もなく、男として未熟なまま歪んだ形で異性に興味を抱きだす。だから大人になっても、成熟した女性を苦手とする男性が多いわけで、40歳を超えた男が、いいなりになる小学生に興味が走ったり、援助交際に手を染めたり、思いどおりにいかないと短絡思考的に殺してしまう。「ひきこもり」はその典型で、若い時にエネルギーを発散させていなかったことも、ひとつの原因ではなかろうか。

子供の時は湧き出るエネルギーを何かにぶつけてほしい。そういった自然の行動が男らしさを生む。男女差をなくすジェンダー教育は、男らしさの阻害に、いや人間らしさの阻害に拍車を掛けている。

5-2 腹が減ったら飯を喰う　心が減ったら何を喰う？

私の友人は以前アメリカで見掛けたキャンピングカーに憧れ、退職金で購入し、さっそく奥方と出発した。ところが現地に着き、渓流釣りを楽しんでいる人を見ても、釣りはできず興味もない。夕方にはあちらこちらで火を熾し食事の準備が始まったが、今までキャンプをしたことがないので、それもできなかった。結局、近くのコンビニで弁当を買ってクルマのなかで食べたという。

枯れ枝を集め、飯盒で飯を炊き、それが焦げていようが、釣った魚がちっぽけであろうが、いや鍋に砂や木の葉が入ろうが、こういう時の食事は最高に旨い。旨いのは生きている実感があるからだ。彼の目的は、おそらくキャンピングカーを買うことだったのだろう。

子供の時の馬鹿げた遊びが、長い人生における投資なのだ。若い時に泥まみれになって汗をかいたり、喧嘩をしたり、手に油した奴ほど、社会に出てからもアグレッシヴに活動しているようだ。

最近は自分のしたいことも、いや自分の趣味さえわからない人が多い。人生の目的が、一流校を卒業して一流企業に入ることではないことはわかっているはずだが、目標が掴めない。自分の夢ややりたいことは、今までの経験のなかにあるはずだ。

腹が減ったら飯を喰う。では心が減ったら何を喰うのか。子供の心が減っても親は気づいていないようだが、「心の栄養」は次の3つを繰り返すことだと思う。

1番目は、まずは「やって良いことと、いけないことの分別《ふんべつ》」だ。人は日々の生活のなかで、親からの躾《しつけ》や学校での道徳教育、また宗教の戒律などから、自然に物事の分別が身に付く。ところが、無宗教で善悪の縛《しば》りもなく、道徳教育も躾もなければ、生まれたままの「天然ボケ」状態になってしまう。その天然ボケが可愛いなんていうバカな奴もいるが、分別は人として最低限必要なことだ。

先日、三軒茶屋の駅で7～8人の高校生がホームにたむろし、フライドチキンを食べていた。そのなかのひとりが、鳥の骨を投げ捨て、足で踏みつぶした。ちょうどそこに電車が入ってきた。その高校生の肩を叩いて「ゴミを捨てるな」というと、一瞬「ナニー！」という顔をしたが、潰れた鳥の骨を拾って電車に乗った。ところがそれを車内に捨てるわけにもいかず、次の駅に停まるやホームのゴミ箱に捨て、電車に飛び戻った。可愛い奴だ。彼は仲間うちでちょっと格好をつけたかったのだろうが、そうはいかなかった。子供は大人の顔を見ながら、どこまでやったらまずいのかを見ているのだ。

2番目は、「努力と達成感」である。受験でもスポーツでも何でもいいが、頑張って、できるだけ高いハードルを乗り越えることがいい。それを達成した時の感動が大切である。特に大切なのは、負けても諦めず、もう一度、失意の底から奮起して頑張ることだ。それを達成した時には、言葉では言い表わせない感動がある。それが大切なのだ。

先日、渡辺 明さんのモトクロス教室に入った。彼は日本人で唯一、世界チャンピオンを獲得した男である。生徒にも全日本級ライダーが揃い、そのなかでの六十オヤジの手習いだ。バイクを持ちこむと、スタンドを立てて跨がれという。かれこれ2時間近くもエンジンもかけず、スタンドの上で講義を受け、基本の「キ」の字を叩きこまれた。全日本選手も六十オヤジも基本を勉強するのは、誰もがかつて敗北というニガ汁を飲まされた経験があるからだ。それを二度としたくないからである。

この6月に長男と「BMW GSチャレンジ」に出場した。このイベントは南アフリカで行なわれているもので、日本では初めての開催だった。参加目的はビッグオフでの親子対決である。バイクにはテントや寝袋などを満載し、東京から一気に250㎞を走り、道なき道も走破する。ベース基地は原生林が残る静岡県の袋井である。そこで、ラリーとスキルチャレンジが行なわれた。参加者は韓国、香港、ドイツからも集まり、170台にも及んだ。

バイクは長男が「GS1200アドベンチャー」、私が「F650GS」だ。コマ地図を捲りながら、5・7㎞先を左、次を右——と、84枚の地図との格闘が始まった。ところが早くも3枚目を読み違え、ダムの工事現場に入ってしまった。林道では、水を得た魚のように猛ダッシュするが、またミスコースを犯してしまう。やっと163㎞を走り終えゴールすると、いや実際にはこの何倍も走った気分だったが、すでにスキルチャレンジが終わろうとしていた。私は慌ててスタートしたこともあり失敗したが、息子はビッグマシーンを豪快に操り、トップタイムを叩き出した。ところが訳のわからぬ理由で減点され2位となった。質問しても採点基準がわからない。

2日目は気合いを入れてスタートした。林道に入ると長男とのバトルが始まった。後ろから息子が刺してくる。次の瞬間、機関銃で打ちこまれたかのように強烈な石が飛んできた。身体に当たると赤く膨れ上がるほどだ。そこでひるんでいると抜き返せない。一瞬の隙を突いて前に出た。こんなバカなことを親子でしなくてもいいのだが、ここで負けると、へなちょこオヤジになってしまう。

この日はミスコースもなく、トップでゴールした。別にレースではないのだからゆっくり走ればいいものを、そうできないところが欠陥オヤジなのかもしれない。親子対決のはずだが、ふたりの力を合わせないと前へ進まないのがラリーである。テントを張り、コマ地図に首を突っ込み、夜にはランプの光で酒を酌み交わす。これもなかなかいいもので、終わってみると大きな余韻が残っていた。

熱を入れているクラシックバイクのレースは、マシーンも身体も鍛えなければならず、それなりの金もかかる。家でテレビでも見ているほうが怪我もせず、安全である。そんなに大変だったら止めればいいのだが、止めると自分がなくなってしまう。それは、一歩退くと十歩も百歩も退いてしまうような気がするからだ。レースは男として通用するのかを試せる場所なのだ。

昔から「若い時には借金しても遊べ」といわれているように、徹底して遊ぶことが大切である。遊びには「硬派」と「軟派」があるが、この硬軟両立が本当の遊びで、それを徹底することが肝心だ。硬派の遊びはサッカーやラグビーなど何でもいいが、骨の1本や2本折れても死ぬわけではないから、持っている力の限りを出す。

レースもギリギリのところで走り、一歩間違えると大けが、いや下手をすると死ぬかもしれない。しかし、人にはこのギリギリが必要だと思う。このギリギリをやったあとには痛快な余韻が残る。この余韻の大きい遊びがいい。

小さい時には肉体的な苦労をし、耐えて頑張り、達成する喜びを味わわないと、人は成長しないといわれている。しかし今のお父さんもお母さんも、そういったことを経験していないのだから、子供も知らずのうちにモヤシになってしまう。

さて3番目は、「人を愛する心と、喧嘩による悔しさ」である。豊かな心は母親からの深い愛によって育まれるといわれている。また、「いい恋愛」と同様に「いい喧嘩」も必要なことで、心のときめきと悔し涙が思いやりのある豊かな心を作る。

ところが最近は、思いやりのある豊かな心どころか、親子の間で考えられもしない痛ましい事件が多発している。その子を知る近くの人は「あんなにおとなしい良い子だったのに」と言い、先生も「学校では成績も良く、まじめな生徒でした」と口を揃えたように言う。

しかしその子は、ちょっとしたことで「キレ」れてしまうのだ。子供が「キレ」る原因は母親にあるように思う。母親は子供を躾《しつけ》ているつもりだが、自分の感情を抑えられず、怒りとなって現われてしまうのだろう。

本来、母親というのは自分を犠牲にして子供に尽くすもので、その犠牲を犠牲と思わないのは、それほどに深い愛情があるからだ。ところが近年では、犠牲どころか、自分を中心に廻したいと思っているのではなかろうか。だから思うようにならないとイライラする。要は母親が成長していないのだ。子供の豊かな心は、母親の深い愛情によって育まれることを、もう一度考えてほしい。

子供の成長とは、身体が大きくなることではない。「分別」と「努力と達成感」そして「愛」、この3つが自分への投資となって、後述する「もうひとりの強い自分」ができることなのである。

5-3　女があって男あり

私の周りには、懐が深く、男性を立てる奥方を持たれた方が多い。チーム・ゴウの郷 和道さんもそのひとりだ。ご存知のように彼は、7年間もルマンに出場し続けて、ついに総合優勝を勝ち取った。自動車メーカーでもなかなかできないことを、一個人でやりとげたのだ。しかも勝ったからといって、メーカーとは違って何の見返りもない。だから凄いのだが、その裏には素晴らしい奥さんがいた。

最初は国内のGT選手権でトヨタ、ホンダ、ニッサンを相手にマクラーレンのF1で挑んでいた。そこで優勝して喜んでいたら、奥方が「日本で優勝して満足しているの?」といったという。「そうしたら次はルマンしかないじゃないですか。とはいっても、簡単ではなかった。勝てるマシーンをということで、アウディR8を手に入れ、3年間も煮詰めてやっと2004年に優勝できたんですよ」　ところが奥方は、「これでもう一度勝てば、日本で唯一のチームになれるじゃない」と。何の気なしに言ったという。

奥さんのひとことがなければルマン優勝はなかった。それにしても、一見穏やかに見える彼の心のなかには、日の丸の鉢巻を締めているところがある。だから優勝できたのであろう。

もうひとり紹介したい奥さんがいる。それは三幸産業会長・田中 博氏の奥方だ。彼との付き合いは、かれこれ40年近い。しかも、いまだにどちらが速いかを「3本勝負」で競い合っている。3本とは四輪のサーキットと、二輪のサーキット、そしてエンデューロである。互いに抜きつ抜かれつを繰り返し、その話をツマに酒を飲んでいる。

彼はテレビに出てくるようなサクセスストーリーを2回も成功させ、年商数十億円の食品会社を作り上げた。最初は化粧品会社の一営業マンだったが、4年後には全国1位の成績を残すまでになった。その裏には、店が開く前にシャッターの前で待ち、商品出しを手伝うなど、地道な努力があった。そして乾物屋の娘さんと結婚した。

夜、椎茸をビニール袋に詰め、早朝、自転車に括って市場に持っていく。それを続けていると、周りから「若いのによく頑張るね」と言われ、だんだん客が増えた。客が増えると工場が必要となった。県から過疎地対策の援助を受け、土地と工場、生産設備までをも揃えてもらい、そして地元の人を雇用した。

その一方で、県の水産試験場の力を借りて、広島名産の牡蠣の、それも品質の高いものを作ることに成功した。この成功はさらなる成功を呼び、県のお墨付きがついた牡蠣は、大手老舗デパートへの受注が決まった。大手が決まると、連鎖反応的に全国への展開が可能となった。そして33歳の若さで、年商数十億の会社にまで成長させることができたのだ。

ところが義理の父親からすると、大成功をとげて嬉しいものの、反面やっかみも出るわけで、社内はスムーズとはいえなかった。そこで田中は、この会社をまるまる義父に渡し、奥さんとまた裸一貫からの出直しを図ったのである。

今では中国にも工場を持ち、漁業権まで取って、エビなどの海産物を日本に入れ、全国に展開している。このふたつ目の会社も、年商数十億までに成長させている。

そんな彼のモットーは、「社員を大切にする」である。すると社員はそれに応えようとし、お客も彼を慕ってくる。これが成功の秘訣であるようだ。また、「お金に意思があったら、人を見て笑っていますよ。紙切れが増える時は喜んで、減るとイライラして自殺する人までいる。死ぬ気でやれば何でもできるのに、紙切れに振り回されているんですね」という。

実はこの成功の裏には、奥方の支えがあった。仕事がひとつの山を越えると、「あなた、よく頑張ったわね。やりとげたことが偉いのよ」と子供の前で褒め、ビールで乾杯する。偉業を成しとげた男でも、子供の前で祝福を受けると嬉しいもので、また頑張ろうと力が湧くという。男はこんな単純なことで頑張ってしまう。

山内一豊の妻ではないが、男の力を発揮させてくれるのが女である。女も優しいだけでは飽きてしまう。肩を揉んだり、ビールを注いでくれたり、あれもこれもしてくれることは嬉しいが、そんなものではない。

ウチの愚妻も「あなたからバイクを取ったら何が残るの」と、家計が苦しい時も、好きなことは妥協しないですることを薦めてくれた。考えてみると、ほかに能がないことを暗にほのめかしていたのかもしれないが。女房は、自分よりもバイクとの付き合いのほうが長いことをわかっていて、あとから来てバイクの座に着くことはしなかった。

クルマを買うのも、レースに金を注ぎこむのも相談をしなかったのだから、女房は大変だったにちがいない。家計だけでなく、子供が病気になっても、進学の時でさえひとりで仕切っていた。母子家庭も同然だった。その恩恵は大きく、私には私生活での苦労がなかったから、仕事に突っ走れ、プラスのスパイラルが回っていた。


女性は結婚すると、身の回りのたわいもない話題をするようになり、社会との繋がりが薄れ、成長が止まる人が多い。反動なのか、バリバリ仕事をして、ブランドものを着こなし、男をアゴで使う強い女性像を格好いいとする風潮がある。事実、下手な男より数倍、仕事をこなす方もおられる。

どちらの女性が良いのか。というのではなく、いい男女の関係は、男も女も自立して、互いにある面を尊敬しあう。そういったふたりが一緒になることだと思う。結婚するまでお互いに30年近く、それぞれ別々の環境で育ち、それぞれの価値観を持っているわけだから、愛しているぐらいですべてが一緒になれると思うこと自体、大間違いだ。互いに成長することができるのがいい夫婦であって、「女房の成長は亭主の成功に繋がる」と言えそうだ。

5-4 「器」とは人の品格なり

ところで、前述の「人は紙切れに振り回されているんですね」の代表格が、ホリエモンである。最近は（六本木）ヒルズ族と呼ばれる俄《にわ》か成金が、時代の寵児ともてはやされている。M&A（企業合併／買収）を繰り返し、金儲けが格好いいという風潮が広がり、中学生までが株取引を行なう時代になった。

彼らは、長い時間を掛けて築いてきた企業を買収する。例えば放送局の時も、そんなに欲しいなら、その金で新たな放送局を興せばいいものを、目的は金だからそうはしない。そうしたズルをしてでも金儲けをする卑劣な人間がもてはやされた。

ライブドア問題は「社会の本質」を見極める眼を、メディアも政治家も、一般国民も持っていなかったことを露呈した。人の営みには、嬉しいこと、寂しいこと、楽しいこと、腹立たしいことなどいろいろあるが、結局、最後は「人の本質」は何かということに尽きる。この問題は、優秀な大学を出て知識はあっても、「品格」に乏しく、心より金という価値観が生んだ社会の縮図にあった。

日本人は世界トップクラスの所得を得て、世界一高学歴で、世界一旨いものを食べ、世界一ブランド品を身につけ、世界一長寿であるにもかかわらず、世界一心が貧しい。それは「金に負けた」からだ。「豊かさ」イコール「金」であると錯覚したため、金のヒエラルキーが社会を覆い、金持ちがエライという判断基準ができあがってしまった。

金やブランド品は誰にでも見えるが、「心の豊かさ」は、本当に心が豊かでないと見えない。だから金のヒエラルキーをよじ登るように、ブランド品を身につけ高級車を乗り回す。その姿は、あたかも「私は金に負けて、心は貧乏です」と言っているようだ。

ホリエモンが格好いいといわれ、中学生の将来なりたい人アンケートでトップを独占し、逮捕後も若い人の5分の1は相変わらず彼を支持している。子供が憧れの対象とするのは、家庭で金の話しかしていないからだろう。

彼については、貧乏でモテなかった反動が、あのような行動に走らせたという見方もあるが、違法性があったにせよ、なかったにせよ、「金に負けた男」を格好いいとモテはやしたのは情けないことだ。それは我々自身が「格好いい生き方の基準」を見失っているからである。

人は、手間のかかる根源的な作業の繰り返しによって、人間性が育まれると言われている。農作業はまさにその典型で、土を耕し種を植える単純な作業だが、土壌や水、天候の状況を考えなければならない。このモクモクとした作業が人には必要で、春の収穫が最大の喜びであるという。

日本が、マネーゲームよりモノ作りが誇りの国であることは、誰でもわかっているはずである。モノを作り上げた喜びは、言葉では表現できないものがある。また自分の子供に、「これはお父さんが作ったんだよ」と言いたいはずである。それは父親の誇りである以上に、息子の誇りでもあるのだ。

少し話がそれるが、「いいオンナ」には、顔立ちやスタイルといった見ための「美しさ」だけでなく、それに加え「知性」や「品位」が備わっている。それがちょっとした仕草に表われ、惚れ惚れする魅力が生まれるように思う。ウィットに富んだ話をするにも、知性と品格がないと始まらない。

こういうと世の男は、「いいオンナ」の条件は色気しかない！と言うかもしれない。もちろん色気も「いいオンナ」の条件だが、それは「いいオトコ」によって育まれる。そのいい男は、先ほどの「美しさ」「知性」「品位」の揃った女を求める。要はニワトリとタマゴである。

この美しさ、知性、品格には、それぞれに生まれ持ったものと、生まれ育った環境、そして本人の努力の3つがある。そして美しさ、知性、品格のなかで、もっとも大切なのは、男も女も「品格・品性」である。

成金国家・日本では、「品格／品性」は金を生まず、なんの役にも立たないから無視されてきた。周りを見ればおわかりのように、国会議員でもなかなかお目にかかれない。ところが、品格とは「人格的価値」を意味するため、国際社会ではこれがないと誰からも相手にされない。

昔から、金持ちは一代で成るが、品性を養うには三代もかかるといわれているように、簡単なものではない。そう、人には簡単に手に入らないものがもっとも大切なのだ。だから簡単には手に入らないお祖父ちゃんやお祖母ちゃんの時代からの躾《しつけ》や愛が、品格を作るのである。これが人の「器」である。

5-5　プラスのスパイラルを起こす

我が家の前に住んでおられる同年配のご主人が、数年前に癌の宣告を受けた。健康診断を行なっていなかったため、気づいた時にはリンパ腺に広がり、余命2年あるかないかといわれた。その時はかなり落ちこんでいたが、彼はどうせ人は遅かれ早かれ死ぬのだから、悩んだところでどうしようもないと考え、すべてをプラス思考に切り替えた。もちろん手術を受け、抗癌剤を打って大変な思いをしたが、それが日に日に良くなり、その後2回ほど再発があり治療を受けたものの、6カ月検診の時も、12カ月検診の時もガンが確認されず、今では完全に元の健康状態に戻った。先生も余命2年の人のガン細胞が消えたことに驚きを隠せなかったようだ。プラスの風を呼ぶと癌すらも完治する。

いっぽう、マイナス思考の人も多いわけで、本人が意識せずしてもマイナスの風を呼びこんでいる。見ているとひとつひとつをネガティヴに受け止めるため、家族中がマイナスなのだ。例を挙げるまでもなく、不幸な家庭はゴマンとある。テレビではそういった家庭を、風水や占いによって解決するシーンをおもしろおかしく流しているが、私はそうは思わない。それは次のように考えているからだ。

人は日々、仕事でも私生活でも何十、何百、何千という判断をしている。ということは、人生は数え切れない判断の上に成り立っているということだ。この、日々無意識のうちに行なっている判断が、人生をプラスにまたはマイナスに変えていると考える。

仲の良いカメラマンの松本君が、写真1枚でも何百、何千という判断をしているという話をしてくれた。アングルをこうして、絞りをこうして、光はこう入れて——。できあがった写真を、また暗室で明るさや色を判断し、最後にそのなかの1枚を選ぶ。この何百、何千という判断がいい写真を作り上げていくという。

写真1枚でもこうなのだから、人生の判断は数えきれない。でもこのひとつひとつの判断が、人生をプラスにもマイナスにも導く。そうはいっても、世の中、腹立たしいことも多々あるわけだ。その時は眼を細くして遠くを見ると、手前の煩わしさは見えなくなる。

私の場合は趣味も仕事も好きなことをやっているのだから、手前にあるゴミにはまったく眼が行かなかった。だからマイナスの風なんて毛頭なく、周りから母子家庭といわれても、プラスのスパイラルが回っていた。しかし犠牲者のはずの家内も、「私の趣味は『暮らし』よ。暮らし方そのものが趣味なのよ」といって、生活を楽しんでいる。

プラスの風を持った人ほどクリエイティヴなモノが作れ、当たり前だが、マイナス思考の人には、人を感動させるモノは作れない。

5 - 6　もうひとりの強い自分を作る

以前、ある高等学校から講演の依頼があり、「親友の多い人とそうでない人」というテーマで話をした。

「人は生を享けてから死を迎えるまで、人と会う回数には大きな差はありません。幼稚園に入り学校を卒業するまでに会った人、近所の友達、親戚の人、クラブやサークルの仲間、友達に紹介された女の子、就職してからの同僚や上司――。おそらく何千、何万人もいるだろう、そのなかには、会った瞬間に旧知の友のように心を開いて親しくなれる人もいれば、何回会っても通じ合わない人もいます。

この親友の数は、物事に対する思い入れの大きさに比例するのです。そうはいっても何のことだかわからないでしょうから、順番にご説明しましょう。

人と話をする時は、言葉や人間性などの、コミュニケーションをとるためのベースがないと話ができません。相手が言葉の違う外国人だったり、人間性が欠如しているとコミュニケーションはとれません。それは『手のヒラ』を広げた時のヒラの部分に当たります。共通なところがヒラの部分になるわけです。

いっぽう、人はいろいろなものに興味を持ちます。サッカーや野球、スキーにスノボ、自転車にバイク、音楽——音楽もラップにジャズにブルース——と、のめりこむものはさまざまです。これが指の部分に当たります。のめりこみ方が大きいほど強いパルスを発信しています。

例えばサッカーに没頭して徹底的にやっていれば、その人からはサッカーの強いパルスが出ています。相手も同じパルスを発信していれば、すぐにでも意気投合するのです。パルスのない人とは噛み合わないのは当然です。このパルスの強弱は物事に対する思い入れで、汗をかいた量に比例します。ですから、知ったかぶりのオタクではパルスが弱く、心を開いて話ができません。

大切なのは、何かに熱中して徹底的にやることです。すると人間性が育まれ、手のヒラの部分からもパルスが発信されるのです。

好きなことを思いっきりやると、自分のなかにもうひとりの人間が生まれ、『行け！ 頑張れ！ へこたれるな！』と自分にハッパをかけてくれるのです。何でもいいから、思いっきり命がけでやればやるほど、もうひとりの自分が強くなります。こういう人は間違いなく女の子にもモテます。

『もうひとりの自分』というのは、自分のなかの正義なのです。最近は他人が困っていても見て見ぬふりをする人が多いですね。池袋駅で学生が殴られ床に頭を打って亡くなったが、

120人もいた周りの人は、遠まきに見るだけで誰も助けなかった。もし立場が逆で、あなたが倒れていて周りの人が見ぬふりをして通りすぎていったらどうなるのでしょうか。

人というのは強がりをいっても、どこか弱いところがあるもので、その時に支えてくれるのが、このもうひとりの自分なのです。

それなのに、好きであるはずのサッカーも音楽も、思いっきりやっていないのです。今日は宿題があるからとか、疲れているからとか、雨が降っているからとか、自分にブレーキをかけて練習をサボる理由を作っていませんか?

止める理由はゴマンとあります。それは自分が自分に負けているから、どうでもいい理由を探して、優先順位を下げているだけです。それでは社会に出たら何もできません。『もうひとりの自分』は、社会人になってからも原動力になり、死ぬまで面倒をみてくれます」

そんな話を高校生にした。この話の真意がどこまで伝わったかはわからないが、要は目標に向かってしゃにむに頑張ってほしいというメッセージなのである。そうすれば人の和が広がり、何かが見えてくるはずだ。

モノ作りの本なのに、生き方を説教節で書いているのは、モノには作り手の生き方や過去の経験がすべて出るからだ。ここでいう「もうひとりの自分」とは、自分のなかの「魂」なのである。こうやって自分と向きあい、また自分とぶつかりあうことの繰り返しが、「魂」を育むと思う。

クルマのデザインでも、綺麗なスケッチを描かれる方は山のようにいる。でも、そんなスケッチや小手先の技法はどうでもいい。そう言うとデザイナーは奮起して、ユニークなモノを提案するだろう。だが、それも違う。そんな表層的なアイデアやトレンドは全部忘れて、素の自分を出してほしい。でないと色褪せないモノにはならないのだ。

こういった議論をすると、デザイナーの人間性を否定することになる。もし否定されたくなければ、自分を磨くしかない。前述の河井寛次郎氏が言うように、綺麗に作ろうなんて思っているようではダメで、「美」はあとから付いてくるオマケと心得るべきである。

第六章

視点を変えると世界が見える

6-1 外交も同じ

さて、同様に手のヒラの視点で日本の外交問題を見ると、意外にも答えが見えてくる。

外交戦略にも、前述のように基盤になる「手のヒラ」の部分と、個々の外交手腕の「指」の部分がある。ところがアジアにおける外交、具体的には韓国、中国とは、「手のヒラ」に当たるところの共通基盤がない。特に中国とは統治体制やナショナリズムの違いがある。EU連合が巧くいったのは、「手のヒラ」の部分が共通であったからだ。

ナショナリズムの違いについて、田中均元外務審議官は次のように言う。

「中国のナショナリズムは、統治体制の求心力を高めるための愛国主義である。1989年の天安門事件以降に行なわれた愛国教育は、日本の侵略と、これを打ち負かす中国共産党の役割に焦点を当ててきた。また近年の目覚しい経済成長、08年の北京オリンピック、10年の上海万博、さらに有人宇宙船の成功など、愛国心をあおる材料は目白押しである。

いっぽう、携帯電話やインターネットの普及は、大衆動員が簡単に行なえる社会となり、反政府活動に転化する可能性を秘めている。愛国主義的ナショナリズムは、政治的自由のない中国では諸刃の剣である」

やはり中国と日本とは「手のヒラ」の部分が大きくずれている。

続けて田中均氏は韓国と日本について次のように言う。

「韓国のナショナリズムは民族のアイデンティティを求める運動である。近隣大国に蹂躙《じゅうりん》された歴史がひもとかれ、米国や日本は朝鮮半島の運命を狂わせた当事者として、ますます批判を浴びることになる。

では日本のナショナリズムはというと、戦後60年にわたり、日本が過去に犯した罪の歴史ゆえにとり続けた、低姿勢に対する不満の蓄積がある。また、経済成長を続ける中国に対して、日本は停滞が続くため、うっ積した国民感情がある」

やはり韓国、中国は隣国でありながら、ナショナリズムがかなり違うことがわかる。


韓国、中国との外交については、日本はこれまで彼らとの共通項を持たない脆弱な「手のヒラ」であったため、「指」の部分の外交において、主体性が制限されてきたわけだ。さらに近年の中国には、複雑な国民感情を楯にした政治的発言がある。そういったなかで靖国参拝を行なうことは、共通項を持たない相手の「手のヒラ」をますます遠ざけるだけである。小泉総理の参拝が問題になったが、そうではなく、天皇陛下が靖国を参拝できないでいることのほうが問題であると、個人的には思う。

いずれにしても、中国にとっての靖国問題はひとつの口実にすぎず、たとえこれが解決しても、別のことを言いだすにちがいない。

というのも、中国は日本のことをずっと「格下」に見てきたからだ。歴史をひもとくと、聖徳太子の時代から、中国は日本からの遣隋使、遣唐使に大陸文化や国際情勢を教え、寺の建築や焼き物など種々のことを学ばせた。いわば日本の先生である。それが先生の土地を侵略し、その後は金の力で幅をきかせている。そのことが我慢ならないのだ。そういった背景から、ちょっとしたことで過剰反応を示しているように思う。中国が今後、大国であろうとするなら、大人としての見識が求められる。

遣隋使はご存知のように、日本からの使節団で、メンバーは数百人規模で編成され、十数回にわたって渡航した。その第1回の派遣から来年でちょうど1400年を迎えるのだ。こうやって長期的な眼で見ると、いがみ合いの戦争は、ごくわずかな期間ではないか。

日本はいつまでも戦後を引きずった低姿勢を取るのではなく、毅然とした外交を行なわなければ、アメリカの次には中国の「ポチ」になりかねない。リーダーシップを揮《ふる》える領域はたくさんあるではないか。戦後築いた自由と民主主義的良さも、技術力も、経済力もそうだ。これらを使って「扇の要」の役割をしてほしい。

そしてまた、外交はアジアだけではない。我が国は平均寿命が82歳で世界トップを維持し、長寿を喜んでいるが、短い国はその半分以下の36歳である。このジンバブエを筆頭に「人生50年」に満たない国は、WHO加盟192カ国中27カ国もある（06年4月発表）。

それらをかんがみても、日本が活躍できる分野は医療など、多く存在する。我々は老後を心配するが、彼らには老後がないのだ。世界に眼を向けて活動することが、世界から憧れられる国になるために、もっとも必要なことである。

6-2　中国はやはり脅威だ

もう少し視点を広げると、第三次オイルショックが起きることも考えられる。それは中国によってである。

国際エネルギー機関（IEA）が05年秋に発表した世界エネルギー需要は、2030年時点で現在の1・6倍に増えるという。いっぽう、『OIL NOW』によると、確認可採埋蔵量は1997年時点で1兆1195億バレル（1バレルは159ℓ）あり、この埋蔵量を生産量で割ると43年分となり、2040年に使い果たしてしまう計算だ。しかも石油の約7割、天然ガスの５割を、中東などの情勢が不安定なところに依存しなければならず、加えて中東以外では、採掘困難な場所から掘り出すため、ますます高コスト石油となる。

アイルランドは国策として２０５０年までに化石燃料の使用をゼロにするという。あの米国でさえ先を見越し、ブッシュ大統領は２０２５年までに中東からの石油輸入の75％を他のエネルギーに替えると発表した。

その一方で、中国は石油を確保するため、アメリカの民主主義に対抗する専制君主国家に取り入り、石油をかき集め、さらにアメリカのお膝元である中南米にまで手を広げている。それは、中国が米国に次ぐ第2位の石油消費量の国という事実だけでなく、世界の経済地図が大きく塗り替えられ、中国が世界経済の中心になる可能性をも示している。加えて、軍事力の拡大に不可欠なのが石油であり、石油は国家権力に繋がる。

中国は一見、米国と歩調を合わせるかのような周到な外交を進めているが、アメリカにとって中国は、戦略的競争相手というより、むしろ敵性国家である。中国の乱獲が増すであろう10年後の２０１５年頃に、国家間で何かしらの混乱が生ずる可能性もある。それは73年、79年に世界を襲ったオイルショックとは違い、あってはならない米中戦争に発展するかもしれない。

中国は石油だけでなく、魚の消費量も極端に増えている。なにしろ世界の全漁獲量の3分の1を消費し、しかも今後ますます増加するという。それは広大な内陸部の人々が魚の味を知ったからで、道路網の整備と歩調を合わせ、大量に運びこまれているからだ。

日本の漁船が長い経験から知り得た産卵する漁場に網を下ろすと、ノウハウがない中国の漁船が待っていて、日本漁船を取り囲むように一斉に網を下ろす。競《せ》り市場でも中国が高値で買い付けるため、日本に入る価格は上がっているという。

さらに、日本の野菜や果物の新品種が海外に持ち出され、栽培される例があとを絶たないというではないか。韓国のイチゴの9割は日本の品種と目され、中国でも日本の大豆などが無断で作られている。日本人が苦労して品種改良をしたものは、美味しく、品質が良く、高く売れるからだ。それを我々が買って食べているという構図は、実にとんでもないことである。植物の新品種を開発した人には、特許権に似た「育成者権」が与えられるが、国境を越えると話は別で、中国、韓国とも種苗法はなく、育成者は手を出せないでいる。

世界の5人に1人が中国人で、それが産児制限を設けてもさらに増え続けているのだから、食料の確保にやっきになるわけだ（正確には世界人口は65億人に達し、中国が13億2280万人だから4・9人に1人。さらに増え、2030年には15億人なるという。ちなみに、インドは11億3４0万人に増えたから、合わせると2・7人に1人が中国かインド人ということだ。これは登録されている人だけで、実際にはもっと多いらしい)。

日本は少子でも、世界では1日に20万人もの増子で、世界人口は20年後には79億人に、40年後は90億人に達するという。本当は、前章で述べたように、世界中が少子になれば地球は健康なのだが。

自動車市場も急速に拡大し、世界の自動車生産台数は05年に6600万台（うち商用車は2000万台）であったものが、10年後には1400万台も増加するという。その大半は中国とインドの2カ国によってである。こうなると、エネルギー資源や食料などの争奪戦が激化し、地域戦争に繋がるかもしれない。


ここに興味深いリポートがある。国力について、国際政治専門家のクライン氏が1975年に「国力方程式」を発表したものを基に、「総合研究開発機構」が試算した結果である。

その内容は、2050年の中国を100とし、2000年と比較したものだ。中国の2000年は45だが、それが2050年では100となる。同様な見方をすると、日本は29から8に低下しており、すなわち中国のわずか8％の国力しかないということになる。韓国は8から7で変動なし。EUは69から44。米国は76から54に低下し、中国の半分の国力しか持たなくなるという。当の中国は人口、経済力、軍事力が伸び、世界の脅威になることを示している。

なお、クラインの方程式は、国力＝（人口＋経済力＋軍事力）×（戦略目的＋国家意思）だが、戦略目的＋国家意思は不透明であるため、人口＋経済力＋軍事力の3つの指標で計算したものだ。

しかし、この3つの指標だけで国力を測るのは危険である。そのため総合研究開発機構は、国家の持つ役割を、文化や技術力、教育水準などを加味したうえで、「福祉国家」「市場国家」「国際国家」の3つとした。また、それらを実行する能力として、「市民生活向上力」「経済価値想像力」「国際社会対応力」を規定した。能力には、資源や人口をいかに使うかというガバナンス力（使い方力）が必要なため、そのガバナンスを「人的資源」「自然環境」「技術」「経済産業」「政府」「防衛」「文化」「社会」の8分野で構成する。

この指標に添って「総合国力」を計算すると、日本は米国、カナダ、イギリス、フランス、ドイツ、中国、韓国の9カ国のなか、米、独、英に次いで第4位であることがわかった。それを個々の能力で見てみると、「市民生活向上力」ではカナダが1位で日本は3位、「経済価値想像力」では米国が1位で日本は2位、「国際社会対応力」では米国が1位で日本は6位である。

続いてガバナンスで見ると、「技術」や「経済産業」は米国に次いで日本は2位、「人的資源」「自然環境」で3位と上位な一方で、「政府」「防衛」「文化」が6位、「社会」は7位と低い。特に「政府」には問題が多く、ODA総額は2位だが、政策決定の適切さ、情報開示などによる透明性は最下位の9位である。

「防衛」では情報収集力が最下位だ。問題になった外務省の外交機密費56億円を使ってもこの結果だから、個人の遊興費に消えていると思わざるをえない。また軍事力を使った国際貢献についての国民の理解も最下位の9位である。

「社会」は犯罪検挙率、人種差別、女性の社会進出、セクハラ、努力が報われる社会、NGOを通じた国際貢献などで評価し、カナダが1位で日本は7位だ。犯罪検挙率や所得格差では1位だが、努力が報われる社会、社会の連帯感、女性の社会進出は各国に対して低い。

この資料では、中国は人的資源が1位である以外はおしなべて低い。それは急成長している経済を国民1人あたりのGDPで捉えているからだ。しかし、中国のGDPは3年連続で10%前後の急成長を続け、05年にはイタリア、フランスを抜いて5位となり、英国と肩を並べた。この中国の11兆5000億円という黒字は軍事に廻されているというのだから、やはり中国は世界の脅威であることにはちがいない。

6-3　日本大改造

中国が自国の強さをアピールしているのに対して、日本はどういう国になりたいのかが見えない。住んでいる我々にもわからないのだから、世界から見えないのは当然である。だから「日本叩き」で有名なブレスト・ウイッツ氏は、次のように言う。
「日本は戦後がむしゃらに頑張った結果、高品質で安価な製品をばらまき、各国から『ジャパン・バッシング』を受けた。ところが今は中国が強くなったため、いわば『ジャパン・パッシング』となり、日本をパスして世界が動いている。しかし、この先は『ジャパン・ナッシング』になるだろう」

まさにそのとおりで、日本はこのままでは亡国になってしまう可能性が高いように思う。

日本はいったいどういった国になりたいのだろうか。私は、クルマやカメラ、家電製品が素晴らしいという「規格品国家」のイメージではなく、「日本に住みたい」という憧れを喚起させるような国でありたいと思う。

世界中の人が中国製のパンツを履いていても、誰も中国のことを尊敬しないという言葉があるように、世界中の人々が日本製のカメラを持って、日本車に乗ってくれたとしても、誰も日本のことは尊敬しないであろう。経済がいくら発展しても、金は尊敬の対象にならない。

今まで各国を見て回ったなかで、特別に住みたいと思ったのは、ヨーロッパの文化都市ドイツのワイマール、昔のワイマール共和国だ。フランクフルトから北東に２００㎞ほどのところにある小さな町で、道の両脇には緑と古い佇まいの家々が並んでおり、葉こぼれの光のなかを買い物や郵便局、コンサートホールへも徒歩か自転車で行き交いできる広さだ。

歩道にはみ出たカフェに座ると、爽やかな風が頬を撫で、実に気持ちがいい。目の前の広場では乳母車の家族や老人がひなたぼっこをし、町全体が穏やかな空気に包まれている。もし、自分の町がこんなふうだったら、どんなに暮らしが楽しいものかと思う。ワイマールはそんな町だ。

日本はここから先、経済的に大きく発展することは難しいから、別の視点で変わることができないかと思う。なぜ難しいかというと、「市場経済」＝「人口」×「個人消費量」という単純な式で決まるからだ。日本の市場経済が拡大したのは、人口が年間１００万人ずつ増加したからであって、もうすでに日本の人口は減少を始め、ここから先は年に70万ずつ減っていくとなると、経済的発展は見込めない。

そうなると経済、いわゆる金ではない魅力を日本は持たなければならない。今はそうするためのグランドデザインを引く時期である。ではここで、「世界の人々が日本に憧れ、日本に住みたい」と思う国にするための大鉈《おおなた》をふたつご紹介したい。

そのひとつは「鉄道の全線無料化計画」である。小生の前作『愛されるクルマの条件』（二玄社刊）でも触れているので、ここでは骨子をご紹介しよう。

これは日本の鉄道を全線タダにしようという計画である。こういうと一見、無謀に聞こえるが、可能性は充分にある。企業が個人に支払っている通勤手当を最寄りの鉄道会社に納め、それで運営するのである。全線無料だから改札口はなくなり、人件費も大幅に削減できる。こうなると通勤手当だけで運営できるかもしれない。

これには一石六鳥もの効果があるので、順番にご説明しよう。

まずひとつ目は経済の活性化である。日本中の鉄道が無料になれば、人々は観光地ではないところを訪れ、日本の美しさを再認識し、そこに金が落ちる。特に海外から観光客を呼びこもうとしているから、「全線無料化計画」は彼らからも魅力的に映るはずで、日本のあちこちに外貨が落ち、経済が活性化する。

貨物も無料だから、物流コストは限りなくゼロに近づくわけで、高いインフラ・コストは大幅に下がる。インフラ・コストが下がれば、日本製品は競争力を増し、世界市場で優位に立てる。また日本の物価が高いのは、効率の悪い運輸、建設が足を引っ張っているといわれているから、そこに手が入ればさらに物価は下がる。

2番目は、CO_2の削減である。なにしろ電車がタダなのだから、誰もが鉄道を利用し、貨物もトラックから鉄道に戻る。今、モーダルシフトを進めているが、それすら必要ない。もめていた高速道路工事も、クルマを使わないのだから必要なく、建設のために排出されるCO_2も削減される。

3番目は、街からトラックを消すことができるということだ。日本は発展途上国のように街中をトラックが走りまわり、しかもコンビニ前で荷降ろしするトラックは大迷惑だ。首都圏のデパートは地下鉄の駅の上にあるから、張り巡らされた地下鉄を使い、日中の空いたダイヤで貨物を運べば、東京の街からトラックが消える。さらにスーパーやコンビニは、フロア面積に比例した倉庫を義務づければ、店の前からもトラックがなくなる。それだけで街が綺麗になる。さらに高速道路のパーキングエリアは、工場への納入待ちのトラックであふれ危険な状態だが、それも消える。いやいや、この6月から始まった「駐車監視員制度」も空回りするほど、道路はガラすきになるだろう。

4番目は、退職した鉄道関係者の力を使って、今、進めようとしている第五次国土開発構想に人的な協力ができる。具体的には、多自然居住地域に心配することなく住めるように、情報網や交通、病院などのインフラの整備を促進するということだ。

5番目は、4番目の効果として一極集中の人口構造が緩和できる。日本の人口は東京を中心としたベルト地帯に集中しているため、多自然居住地域に住んでいただければ、過疎地も減少する。そして人々は、自然の綺麗なところで、ゆっくり仕事ができるようになる。

6番目は、日本人がこれによりおおらかになることだ。今の日本に必要なのは「明るい夢」だから、これによって人々はセカセカせず、おおらかで元気になると思う。駅には改札口もフェンスもなく、電車を降りたら花々が咲き、それが街にまで繋がっている。当然、グリーン車も途中の検札もなく、みんなで譲りあって座る。こうなると人々は自然に心が豊かになる。そして日本は優雅な国として憧れられ、世界の手本となるのだ。

これならば企業も通勤手当を増すことぐらいはするであろうから、国土交通省あたりでグランドデザインの基礎となるよう、ぜひ一度、真剣に試算していただきたい。


次の大鉈は「東京大運河計画」である。東京の真ん中に運河を通し、水と緑の街にしようという計画だ。水と緑は気温を下げる効果が大きいから、冷たい空気を東京湾から送りこむというもので、運河の両サイドには緑と自転車道を設けて、移動は「舟バス」と自転車がいい。コンクリートの護岸ではなく、水辺には緑の土手が広がっている。

子供の頃は、近くに蛇崩川というのが流れており、よく遊んでいたが、いつの間にか土管に変わってしまった。いや、ここだけでなく、多くの川は次々に埋められ、町から川が消えた。と同時に、東京の気温が上昇した。これ以外にも、高層ビルによって風が入らないことや、クルマの大渋滞も原因だが、住んでいる者はたまったものではない。真夏の道路に一歩出ると倒れそうになる。

韓国のソウルでも、オリンピック道路を作るために河を埋めてしまった。ところが住民が大反対して、昨年、元に戻った。その効果は大きく、夏の気温が3℃下がったという。これに倣い、東京でも川を復活させ、運河を作り、そこに自転車の持ちこみ可能な舟バスを運行させる。そうすると人々は舟バスに乗って、のんびりと優雅な気持ちで都内を移動することになる。

クルマの走行は幹線道路のみとして一般道路は侵入禁止だ。住宅地は自転車しか入れない。こうなると車輛減の効果も手伝って、東京の気温も3℃以上は下がるだろう。これによって、もし東京中のエアコンを止めることができたら、さらに気温が下がり、CO_2は大幅に減少する。

いっぽう、最近はカーナビが渋滞を感知して裏道を教えるため、閑静な住宅地をクルマがブンブン飛ばしている。そのため子供は電信柱の裏を歩いて通学している状態ではないか。

この案は、幹線道路以外はすべて侵入禁止だから、そんな心配もいらなくなる。住宅地には住民のクルマと緊急車輌だけが入れるよう、指定したクルマには発信器を付けて、近づいたら通行止めのポールが引っこむようにすればいい。この可動ポールはすでに欧州では使われているものである。こうなれば、交通事故も大幅に減少するだろう。

ところで、東京の街を歴史的に追ってみると、今までに首都改造の機会は三度あった。

江戸時代には「横十間河」という運河を今の墨田区周辺に作り、材木などの運搬に使い、水が豊かであったという。それからだいぶのちに関東大震災が発生し、後藤新平内務相らが陣頭指揮を執った帝都復興事業を起こした。これが都市改造の一度目である。しかし、この復興計画は農村出身の議員から大反発をくらい、当初のものからは大幅に削減されたという。

二度目は、第二次世界大戦によって東京中が焼け野原になった時だ。この時の復興計画が、今の都市計画の基礎になっている。しかしGHQのドッジ・ライン（49年）による財政引き締めで、この時も計画はより大幅に縮小されたものになった。

三度目は、64年の東京オリンピックの時である。その頃の東京はクルマが急増し、五輪選手などの移動を円滑にするため、首都高の必要性が高まった。そこで浮かび上がったのが用地買収に手間取らない河川の利用である。川底を道路にし、または河川を高架で覆った。そのため、京橋川も日本橋川も高速道路に変わってしまった。要は急場しのぎの妥協策だったのだ。今やその全長は２８０kmに及び、交通量は当初１日１万台だったものが１１５万台にもなっている。

効率一辺倒の考えは街の景観を大きく損ね、川は消え、残った川もコンクリートで覆われたドブ川となった。日本の中心である日本橋までがそうである。その光景は見るに耐えず、日本橋再生計画が持ち上がり、さらに小泉総理のひとことから一気に機運が高まった――というところまできている。

こうやって見ると、東京には江戸時代以降、将来を見据えたグランドデザインがなかったようだ。日本橋の件も、部分的に上の高架を取り除くという小手先の手当てではなく、東京湾から都心まで広い河川敷の続く大運河を４～５本通すくらいの計画を立てたらいかがだろうか。そうなると、渋滞でヒーヒーいうのは昔の話となり、舟バスから砂浜と緑を眺め、爽やかな風を浴びながら、東京の街を見ることになる。

まずはグランドデザインを引くことだ。そのひとつに日本橋景観問題があり、河川の蘇り計画があり、東京湾からの大運河があり、そして全国の鉄道の全線無料化がある。こうなると、東京の街全体が公園のようになるだろう。自転車道が完備され、歩道には街路樹が植えられ、ベンチがあって高齢者も身障者も街を楽しめるようにしたいと思う。

日本の自然は世界一美しいが、人が住むと汚くなる。そういったイメージを払拭して、東京でも四季を感じられるようにするのだ。すると街に品格が生まれ、「世界の人々が憧れる日本になり、そこに住みたい」と思うようになるはずである。石原都知事がオリンピック誘致に向けて、東京リニューアル計画を検討しているようなので、四度目の正直となるよう、ぜひご検討いただければと思う。

6-4　世界が憧れる日本にしよう

小泉総理が掲げていた構造改革の目的を詳しくは存じ上げていないが、後任の安倍新総理にお願いしたい。それを「世界が憧れる日本」ということにしていただきたいのだ。先ほどのグランドデザインを引けば、社会にプラスのスパイラルが起きるだろう。

しかし現実は、悪因を放置することで、次々に問題を垂れ流している。先送りの例は挙げるまでもないが、少子化のように１００％予測できる問題も、長い間手を打たずにきた。

アスベスト問題もそうで、我々がブレーキパッドをノンアスベストに切り替え、対策に苦慮したのは、もう30年も前の話だ。それよりずーっと昔の1930年代に、国はこの問題を認識していたというではないか。

世界最大規模の赤字国債も、後回しにしたツケが溜まりに溜まった結果ではないのか。悪の根源といわれた公共事業費は、06年でピーク時の半分以下に抑えたというが、それでもGDP（名目国内総生産）比で見ると、他国（仏、米、独、英）の3倍もあるというではないか。

そのGDPにしても、93年にOECD（経済協力開発機構）30カ国中1位だったが、今や11位にまで後退し、国民所得が他国に対して大幅に下がった。「失われた10年」などという言葉で処理できる問題ではないではないか。

景気回復のために、市町村に1億円ずつばら撒くような馬鹿なことを平気で行ない、一方で、天下りや癒着が当たり前のようにある。相変わらず「金の匂いのするところに政治家あり」と言われているではないか。

ちょっとテレビに出て知名度が上がると、スポーツ選手や芸能人はすぐに政治家になりたがる。改革、改革というが、一番改革が必要とされているのは当の政治家たち自身で、一部では今の政治家には我々の税金を使う資格はないとまで酷評されている。

そんな頭の弱い政治家を選んだのは国民だから、つまりは国民が腑抜けということだが、そういった古傷はすべて我慢するから、ぜひ、私が言う「鉄道の全線無料化計画」と「東京大運河計画」をやってほしい。いや、「世界が憧れる日本」というグランドデザインを引いて、社会にプラスのスパイラルを起してほしいのだ。

フランスが生んだ大政治家のアンドレ・マルロー氏が、74年に特派大使として来日した際、次のようなことを言われている（出光佐三著『永遠の日本』より）。

「日本人の『互譲互助』の精神は、西洋の個人主義、権利、対立思想ではなく、お互いに助け合うというもので、世界の人々が熱望してやまない平和、福祉を実現するうえで欠かせないものです。『互譲互助』は、上から押しつけではなく、日本人の道徳そのもので、平和に幸せに暮らすには、互いにこうしようと心から湧き出たものです。日本人は世界平和に対して特別な使命を持っているのです」

では具体的に何をすべきかというと、そのひとつが国連PKOへの人材の派遣である。よく知られているように、常任理事国でもない日本が、米国以外の常任理事4カ国の合計（15％）以上の拠出を1カ国で負担しているという。各国の分担率は国民総生産を基に計算するが、それをはるかに上回る19・5％を日本が分担しているのだ。

にもかかわらず評価が低いのは、外交のまずさだけでなく、国連の旗の下で他国と一緒に汗をかく人を派遣していないからだ。PKOの総派遣人数は7万103人だが、日本はわずか30人（0・04％）で、これではないに等しい。

中国からの派遣は1000人を超え、前線基地で若い中国人の軍事監視員が情勢を説明しているという。世間は中国のことを非難しているが、彼らは行動を起こしている。国会で声たからかに派遣反対を唱える議員は、日本を世間知らずの田舎ものにしたいのだろうか。

我々には「和の心」も「互譲互助」の精神もあるのだから、まさに多くの人を派遣して国連で活躍してほしい。こういった活動の積み重ねによって、日本は世界が憧れる国になる。


ここで、世界の最前線で頑張っておられる、WHOの進藤奈邦子さんという方をご紹介しよう。

進藤奈邦子さんは世界保健機関（WHO）に就職し、鳥インフルエンザを最前線で喰い止めている人だ。彼女は幼い時に弟を脳腫瘍で亡くした。その弟の最後の言葉は、「お姉ちゃん、僕と同じ病気の子を治す医者になって」というものだったという。その時はピンとこなかったそうだが、それから勉強して脳外科医になった。さらに伝染病について勉強をし直し、WHOに就職した。今では世界を飛び回って、中国のSARSや、トルコで34人にも拡大した鳥インフルエンザを、ひとりで喰い止めている女性なのだ。

出発前は、子供とは二度と会えないかもしれないという覚悟で家を出るという。それでも危険で多忙な仕事をするのは、自分のなかに死んだ弟の力があるからだそうだ。そういう彼女は、「プロとは技と、情熱ある心である」と言いきる。

彼女のような方によって、日本は世界から認められるわけだ。彼女の前では私の言葉など薄っぺらだが、モノ作りもまったく同様で、「技と、情熱ある心」がないと人の心に届くモノは作れない。

第七章

作り手としてのプライドを見せよ

7-1 骨と寛容の両立

我々は知らず知らずのうちに、ヒエラルキーの階段を登ることが成功の証と考えてはいないだろうか。会社に勤めると、係長、課長、部長――社長へと、上を向いてその階段を登ることが目的となる。巷ではブランド品をまとい高級外車に乗った人を、お金持ちと評価する。住宅地でも、田園調布だ、やれ成城だ、今は白金だという。この、人が作ったヒエラルキーの階段を登ることが成功の証で、それが家族の幸せであるかのように思ってしまう。

先日までは1億総中流だったが、今やセレブという上流階級が生まれ、一方で下層階級も発生した。上流か下流かは自分の意識だから、テレビにセレブが出演すると、それに対して「自分は恵まれていない」と思う人が出るわけで、彼らは下流であることを意識する。周りが気になるのは、誰もが5年後、10年後の生活が、今より向上するとは思っていないからにほかならない。

下流でも、意欲のないニートは別にして、リストラにあった人は今日の飯が喰えるか否かという死活問題に直面している。いっぽう、新富裕層は昔と違って、高級外車に乗り百円ショップに行くという、ちぐはぐな行動を取っている。

いずれにしても我々は、教養、品格、さらには家系などとは関係ないところでもって、格差を作りたがっている。それは当然で、日本の階級制度は明治に解体され、今はスーパーフラットになった。ところが人は優劣や上下関係を付けたがるもので、それをわかりやすい「金」の有無によって判断するようになっただけのことだ。

では、金でない「人の価値」とは何なのだろうか。それは前述のごとく、その人の「個性」である。では個性とは何かというと、自分なりの「考え方」を持っているということだ。この「考え方」は、哲学でもあり、信念でもあり、骨でもある。

しかし骨だけでは敵を作ってしまうわけで、そこが難しい。イギリスの詩人テニスンは「いまだかつて一度も敵を作ったことがないような人は、決して真の友人を持たない」という名言を残しているが、そのとおりだ。

自分の考えを通せば摩擦も起こる。摩擦の裏には悔しさもあるわけで、たまには喧嘩に発展するかもしれない。骨というのはある意味、「生きている証」を確認しようとするさまでもあるから、いたしかたないことだ。

要はオトコに必要なのは、「骨と寛容の両立」ということではなかろうか。私はこの歳になってもいまだに骨もできず、流れに棹差せば角が立つ（漱石『草枕』の名言のもじりだ）。角を立てず妥協もせずして棹を差す。「骨と寛容の両立」は、まだまだできそうにない。女房はそんな私をみて、「あなたは寛容ができるまでに刺されて殺されるわよ」と言う。

寛容はまだ先だとしても、骨すら簡単にできるものではない。なぜなら、考え方や哲学などは簡単に生まれないからだ。スポーツでも技術でも、人より秀でた能力を養うことが先決で、その結果として何かが生まれる。では秀でれば何かが生まれるかというとそうでもなく、そこに心がなければ、人が共感する考え方や哲学は生まれないように思う。

最近は「自分探し」などという言葉が流行っているが、この言葉のおかげでフリーターはプラプラ遊んでいても自分探しだと言い逃れができてしまう。仕事に就いても自分に合っていないとか、能力が発揮できないとか言って辞めてしまう。プータローにとって「自分探し」ほど自分を納得させる言葉はない。

汗をかき、手に油することの楽しさを、まずは知ってほしい。社会も、金儲けの巧い人にスポットを当てるのではなく、汗をかくことがどれほど素晴らしいか、という風潮を作り、頑張っている彼らにスポットを当ててほしいのだ。

吹けば飛ぶような枝葉の人生を送るのか、幹となる人生を取るかはまったく違うのだ。人から刺激をもらい自分の幹をだんだん太くすることが大切で、それがまた人に刺激を与えることになる。

自分の目標は何なのか。俺はどうなりたいのか。要は何をしたいのかを「決断」さえすればすべてが決まり、自分の路線が引ける。自分の好きなこともやりたいことも、過去の経験のなかにあるはずである。

7-2 作り手の魂

宗教では、仏教もキリスト教も「正しい生き方」を説き、慎ましやかで勤勉を善しとし、大酒や女遊びは神の道から外れるとしている。本来、性的欲求は男の原動力のはずだが、神の道ではまったくのご法度だ。

いっぽう、才能は自分を解放するところから生まれるといわれ、音楽や絵画のようなクリエイティヴなものは自由奔放であろうとする。画家が本来の自分を出すため酒に溺れたり、音楽家が麻薬に走るのも、誉められたことではないにせよ、生きるために付けた鎧《よろい》を剥ぎとるためだ。剥ぎとって、今まで磨いてきた素の部分を出す。これが芸術家の「骨」である。

ところが「骨」のない日本文化（⁉）が、なぜか世界から興味を集めている。２００６年3月に行なわれた『第2回 東京発 日本ファッション・ウィーク』に、「世界が見る日本」というシンポジウムがあった。そこで、フランス国立政治科学院付属ＣＥＲＩ研究ディレクターのジャン・マリ・ブイスゥ氏は次のような話をした。

「日本は今、世界にもっともポジティヴな影響を与えている国だ。アニメにコミック、カワイイものになごみグッズ、何でもありのストリート・ファッション——。そういったものに世界の人々は興味を持っている。

日本には西洋のように厳しい宗教的戒律がないため、道徳的な押さえや行き詰まり感のない、自由なものを作ることができる。単一の基準が崩壊した不安な社会においては、今という瞬間を大切にするフィーリングが優先され、そんな時代に似合うのが『カワイイ！』『好き！』という感覚だ。日本の文化は何でもオーケーとするスーパーフラットである」

彼の眼には、なにも考えていない「天然ボケ」、いわゆる生まれたままの姿や行動が、このように映ったわけである。

また、友人がこんな話をした。女の子が初めての海外旅行に出掛けるので、思いっきりオメカシをして髪を染め、ブルーのコンタクトを入れて行ったところ、現地でアナタは何人なの?と訊かれたという。それはそうだ。東洋人ぽいのに髪は金髪で眼はブルー、なのに英語が話せない。でも、渋谷の街ではゴマンと見る光景だ。

日本は海外のものを抵抗なく受け入れる。それは、神道があるにもかかわらず仏教も信仰しているところに、そもそもの原因があるのかもしれない。食事にしたって、昼はスパゲッティだったから夜は中華にしようか、今日は彼女と一緒だから頑張ってフレンチに——である。世界中どこに行っても、こんなに旨いレストランのある国もない。反面、俺は日本人だという頑固なところもない。

では中国はどうだろう。この国が急成長している背景には、社会主義をぶち壊す男らしさに惚れる女がいて、これが社会を活性化させている。古今東西、女は男らしいオトコに憧れる。このパワーが活力の原点で社会を元気にしている。

グローバル化社会では、日本人であることを誇りに思っている人ほど、海外では評価される。彼らのことを勉強することも大切だが、その前に日本を知り、日本人としてのプライドを持つことのほうがもっと大切である。

前述のドイツ人ジャーナリストが、自国の文化や歴史を把握しているか評価するという話をしたが、それにまったく異論はなく、外国のことは知らなくても、また英語ができなくても恥にはならないが、自国のことを知らなければ恥なのだ。

そういえば、前述のアンドレ・マルロー氏は、次のような名言を残している。「国滅びるときは、その国民が自らの歴史を忘れる時にほかならない」日本人が日本の歴史や文化を忘れるようでは、日本は滅びるしかないということで、世の中のグローバル化が進めば進むほど、日本人らしさが求められ、そして、そこが評価される。


日本のクルマが稀薄に感じられるのは、作り手に自分を律する凛々しさや頑固さもなければ、自由奔放で破天荒なところもないからだ。その基となるのは、日本人としての価値観であり、作り手の美学である。

この日本人としての価値観を自分の「骨」とすることは、なかなかに難しい。学校の五教科が優秀でも、名門校を卒業し一流企業に就職しても、これらとはまったく関係ないところにあるからだ。その基となる「心」は、親からの愛によって育まれる。そして、いいモノに触れることによって「眼」が養われる。

この「心」「眼」「骨」を育むのは、金でもなく、システムでもなく人からの「愛」である。そうして育った心豊かな子供が、次の社会を育み、国を作る。

7-3 三代目が日本をダメにする

ところが日本は、戦後の三代目によって潰れてしまいそうだ。

昔から店や企業は、三代目がダメにするといわれている。創業者は血のにじむ思いで事業を立ち上げる。二代目はその親の姿を見ながら、仕事を叩きこまれて成長する。ところが三代目となると、お坊ちゃま君として育ち、優秀な大学を卒業しても、のほほーんとして事業を潰してしまうというのだ。

戦後の日本もまさに三代目の時代に入り、ダメになりつつあるようだ。我々の世代から団塊までは、戦後の親の苦労を一緒に体験し、生活は苦しかったが、そのなかで善し悪しを判断する道徳を学び、人としての道を知った。

ところが戦後の社会は、唯金、唯物主義だったから、すべての判断基準が「金」となり、二世代目は、善し悪しはわかっているものの、「金」に溺《おぼ》れてしまった。では三世代目はというと、二世代目が稼いだ「金」で大学に通い、遊びほうけている。なかには頑張っている若者もいるが、総じて心の中に核となるものがない。

では心の中の「核」とは何かというと、簡単に答えが出せるものではないが、自分の場合は親からの躾《しつけ》があった。その両親も同じように、いやもっと厳しく躾けられたようだ。戦後の貧乏生活は、とても言葉では言い表わせないほどだった。食事は芋と菜っ葉、そこに麦が少し入った雑炊で、それすら満足に食べられず、水で薄めて腹を満たしていた。そんな貧しい生活を送るなかで教わったのは、金銭より人としての在り方だった。

今や寝たきりになったお袋が教えてくれたことは、「人の心」であったように思う。優しくおおらかで、控えめだった母は、子供のため人のために、自分を犠牲にしていた。なにしろデキの悪い私のために、世田谷警察署と下馬の交番に、菓子折を持って頭を下げ続けてくれていたのだ。モノのない時代だったから、自分の着物を質に入れてまで、そうしてくれていたようだ。

その一方で、権威やそれに群がる人を嫌った。私は名だけは立派な学芸大学付属小学校(旧・青山師範)に通っていたが、そこで母は権威や金持ちにゴマをする先生の教育方針に問題があるとして、父兄全員の前で教育の在り方を説いた。小学校が二部制の時代に、わずか40名のクラスには、総理大臣の三木武夫の長女や、日本の金を牛耳っていた児玉誉士夫、大手銀行頭取の御曹司などがいた。ウチのように貧乏な家庭に対しては、先生の扱いも違うわけで、6年間ずーっと差別の対象だった。そこで教育とは何かという話をしたのである。

そういったことが、私に無言で背筋を伸ばして生きることを教えてくれた。小学校の時から「武士は喰わねど高楊枝」なんていう言葉が好きだったのは、そんな影響もあったからだ。

私は小学校から大学までずーっと劣等生で、下から数えたほうが早かった。バイクを転がすことしか能がなく、よく警察のお世話になっていたが、そういったことが心の中の「核」に繋がったように思う。やはり、子は親の背中を見て育つということなのであろう。ところが我が家の場合は、こんな親だから反面教師で、子は親より道徳心が高い。

そういった親からの教えは宗教から発生したものではなく、武士道の精神がどこかにあって、本人が意識していなくても、それが、して良いことと、悪いことを判断する規範になっていたように思う。

日本人の持つ奥ゆかしさやマナーが、宗教なしでどのようにして身に付いたのかを外国人は不思議に思うようだが、武士道の精神が道徳心として、代々伝わってきたのだろう。

ところが今の人には、心の中にそういった核となるものがなくなった。子供は親の背を見て育つというが、その親ですら道徳心を持ち合わせていないのだから、子供については何をかいわんやである。その子も、また次の世代には親となることを考えると、お先真っ暗だ。

日本人の精神は武士道にあるのだから、小学校の時から叩きこむ必要がある。もちろん両親も一緒に、だ。問題は道徳を教える先生をどうやって養成するかである。それと並行して「徴兵制度」を設け、成人式の日から3年間、自衛隊で身体も精神も鍛え直す。問題になっている成人式は入隊日に行なう。という案はいかがであろうか。

敗戦国として同じ立場にあるドイツのことを少し話そう。以前、フランクフルトから足を伸ばし、ナチスの収容所に行った時のことである。そこにドイツの高校生が何人かのグループで来ていた。神妙な顔をしている彼らには声をかけづらかったのだが、訊いてみると次のようなことがわかった。彼らは学校の研修で来ており、ナチスが行なった史実を見て、各自がどのように感じたのか、そして平和について考え、それをリポートするという課題が与えられていた。

また、ドイツがその教育を１９７５年から進めていることを知った。そのために、アウシュビッツの死体焼却場は当時のままの姿で残してあるのだ。ドイツ国内にある強制収容所の数は1000カ所を超すといわれている。そこで、ユダヤ人600万人を含む1000万人以上もの人々が、ナチスの役に立たないという理由だけで虐殺され、焼却炉で灰になった。そういった史実を見せることが、新しいドイツを担う若者に必要であるという判断があったものと思う。

それだけでなくドイツは日本と同じ敗戦国でありながら、若者には兵役、もしくは16カ月間に及ぶ福祉機関での就労が義務づけられている。兵役制度がないのはおそらく日本だけであろう。

作家バルディン・バルサーは、「ドイツ人であることに誇りを持つには、過去から逃避するのではなく、過去を自分のなかで消化することから始まる。ナチス時代の問題を正面から取り組み、子ども、さらには孫の世代へと伝えることが必要である。その活動によってナショナリズムが形成される」と言った。この主張が多くのドイツ国民の関心を集めた。その結果、新しい首都ベルリンには、過去を反省する都市景観が作られたのだ。

いっぽう、日本は歴史的な恥部など知らないほうが善しとし、戦争の汚点を空白にしてきた。恥部、汚点を個々が消化しなければ、我々はいつまでも地に足がつかない。東京裁判ですら、国民の70%、20歳代では90%もが知らないという。それは恥部であるとして教えていないからだ。これでは、日本人のアイデンティティを考えることもできない。

7-4 世界が憧れるニッポンのクルマを作れ

少し前の米経済誌『ニューズウィーク』に、「日本車は日本人のイメージとそっくりで、おもしろくない」と書かれたことがある。ショッキングな文章だが、そのとおりで、面白みや文化を感じさせない安いクルマをたくさん売ったのだから、皮肉を言われても仕方ない。

我々自身が面白みや文化を持っていないから、クルマもそうなってしまう。だからモノ作りの本であるのに、心の「核」だ、やれ「骨」だと繰り返してきた。それは日本から根源的なモノを創りだし、世界から尊敬される国にしたいからだ。前述のように、モノは欧州で哲学のあるモノが生み出され、それがアメリカに渡ってビジネスとして展開する。次に日本に入ると、モノを情報として捉え、記号化され消えていく、という流れが事実として存在する。

今までの日本は根源的なモノ作りではなく、モノを情報として捉えてきた。しかし哲学のない商品は、世界から尊敬されず、また「商品循環論」のなかで消えていく運命にある。だから口をすっぱくして、何回も言わせていただいている。

今後、日本が経済的に成長しても、いや、それは不可能に近いことだが、いくら頑張っても、拝金主義では世界からの尊敬は得られない。人もしかりで、成金は羨ましがられたり、嫉《ねた》まれることはあっても、尊敬されることはない。

前述の医師、進藤奈邦子さんの「プロとは、技と情熱ある心」という言葉は、まさに我々技術屋に求められるものだ。それはプライドともいえよう。このプライドこそが、今の日本経済を支える技術者に必要ではなかろうか。このプライドによって、「良心のある商品」が生まれ、世界から「尊敬されるクルマ」になる。

私が言いたいのは、モノを作る前に「技術屋としての心を作る」ことが必要で、その心とは「美学」であるということだ。それを見せてほしいのである。美学や哲学、文化は、消費されるどころか、人々の共感を呼び、憧れを抱かせるものだからだ。

特に開発のトップがそのような人格者であれば、クルマは必ず個性的で魅力あるものへと変わる。そして要所要所に目利きを配すれば、日本車は鬼に金棒となるだろう。もともと世界一の品質と生産能力を持っているのだから、それに「個性的な魅力」が加われば、商品循環論など、どこ吹く風と流せる。

個性的な魅力とは、「日本人の精神文化」を背景にしたものである。

千利休が創った茶の湯の話だが、茶道具には「千家十職」という言葉がある。釜を作る鋳物職人、茶碗を焼く陶工、漆職人に竹細工職人などの10人の職人が、代々作り方を伝授して、それぞれの道具を作る。それらがひとつに集まり、茶道具の真髄である「用の美」が生まれるというものだ。

クルマも総合的にまとめる茶人的な役目をする人と、要所を押さえる目利きによって、個性的な魅力が生まれる。日本には品質やハイブリッドなど、他国が追随できない強固な技術地盤があるのだから、ここで我々が奮起さえすれば、世界が憧れるクルマを作ることができるにちがいない。

本著では世界の名車を紹介しているが、ここからは日本車の出番である。日本的な「子宮的快楽」を創りだし、世界をギャフンと言わせようではないか。

私が思う「日本的な子宮的快楽」とは、和服のうちに秘めた官能の世界である。着こなし方にもいろいろあるようだが、粋に着こなしたその裾から赤い長襦袢《ながじゅばん》が見え隠れするさまは、まさに日本的な色気である。

人形作家、辻村寿三郎の作品は、妖艶で危険ですらある空気が漂っている。こういった世界観が、もしクルマのインテリアに表現できたなら、ジャガーもクアトロポルテも、足元にも及ばない。

「作り手の魂」を磨くことによって、世界から尊敬される日本車が生まれるはずである。その結果として、ジャガーやメルセデスの何倍もの金を払ってでも欲しいと思わせるモノにしたいと、切に願う次第である。

あとがき

林道ツーリングに行こうといって、友人がオフロードバイクで我が家に集まった。すると、近くに住む奥さんが、「立花さんのところにまた暴走族が集まっている」と言う。まったく悪気はないらしいが、人はバイクが集まっただけで暴走族と見てしまう。

今さら言うまでもないが、日本はバイク、クルマの、品質と生産では超一流国だが、「クルマ・バイク文化」は三流国である。文化というのは、食卓を囲んだ時に、「ロッシが苦戦しているけど、どうしたんだろう……。カワサキの中野が頑張っているから、次のイタリアでは日章旗が揚がるかも」なんていう話が出ることである。

先日も二輪メーカーの役員の方にそんな話をしたところだった。「テレビのゴールデンタイムに、モトGPで日本人が頑張って日章旗を揚げている姿を放映したらいかがですか。というのも、暴走族イメージを払拭できるし、クルマ文化を作ったところが業界を牛耳ることになると思うからです。早い話、どこのチャンネルを回しても、モータースポーツやクルマ文化を流したら、日本は変わると思います。メーカー同士が協力して、いや四輪メーカーも巻きこんで、一緒になってやられたらいかがですか」

役員にとっては突飛な話だったようで、まったく反応がなく、終始無言だった。今やモトＧＰですらＢＳでもやっておらず、わざわざＣＳに入らないと見られない。

サッカーのように、組織だった活動とマスメディアをリンクさせて、クルマ文化を盛り上げることが必要である。日本にはＪＡＦやＭＦＪ、日本自動車○○振興会のような財団法人がたくさんあるわけで、これが彼らの仕事であろう。

そして次に、小林彰太郎さんが提唱した、皇居１周のＦ１グランプリを開催したらいかがであろうか。彼は正月の三が日が終わって、まだ仕事始めになる前の１月４日がいいという。ピットを皇居外苑広場にして、内堀通りを左回りに、大手門、平川門、九段坂、千鳥ヶ淵、英国大使館、三宅坂、警視庁前、桜田門を通るというルートだ。

前座にはクラシックカー・レースがある。歴代の日本メーカーのクルマや、往年の名車が警視庁前をキーキーいって曲がるのだ。お堅い日本で、もしこんなことが実現できたら、世界から驚嘆の眼差しで見られ、尊敬されるにちがいない。

実は少し前に、広島の大崎下島を１周するクラシックバイクのレースを企画した。この島をマン島に見立てて、１周20㎞の公道を閉鎖してのレースである。かなり綿密な計画を立て、町長を説得した。関心がなかった島民からも、最後には8割もの賛同を得ることに成功した。県知事もその気になったが、問題は県警が首を縦に振らないことだった。理由は、県道レースの前例がないからだという。

なぜ日本は公道でレースができないのだろうか。閉鎖すれば公道ではなくなるのだから、警察の管轄外であるはずなのに。そんなやり取りをするうちに、お堅い警察も譲歩して、使用可能な道路の案を出すようになった。ところが残念なことに、私自身が東京での仕事が忙しくなり、その後のフォローができず今は中断状態だ。

今も二輪の世界グランプリでは、日の丸が表彰台の一番高いところに掲げられ、君が代が流れている。テレビでもじーんとして目頭が熱くなるシーンだ。若いライダーが英語や、ある人はイタリア語でインタビューに答える。こんなに頑張っている日本人がいることを知っている人は、ごく一部だ。

クルマ文化が稀薄だと言われて、もうずいぶん経つ。そろそろ皆の力を合わせて見えない壁を崩し、「クルマ文化」をなんとか盛り上げようではないか。「いいクルマ」を作るには、「クルマ文化」というい い土壌が必要なのだ。これによって、日本が少しでも良くなり、日本車が世界の人々から愛されるクルマであってほしいと心から思う。そんな想いを込めてこの本を書いた次第である。

以上

この国《くに》の魂《たましい》
技術屋《ぎじゅつや》が日本《にほん》をつくる

2006年10月30日　初版第1刷発行

著　者　立花啓毅《たちばなひろたか》
発行者　黒須雪子
発行所　株式会社 二玄社　東京都千代田区神田神保町2-2　〒101-8419
営業部　東京都文京区本駒込6-2-1　〒113-0021　Tel.03-5395-0511

＊　＊　＊

装　幀　黒川聡司（黒川デザイン事務所）
印刷所　株式会社 シナノ
製本所　株式会社 越後堂製本

ISBN4-544-40009-0